深圳大学传播学院 | "翻译文化终身成就奖"得主
媒介环境学译丛 第四辑 | 何 道 宽 担 纲 主 译

数字技术革命的故事

A STORY OF
THE DIGITAL
ADVENTURE

随机存取存储器

RANDOM
ACCESS MEMORIES

［法国］菲利普·德沃斯特
Philippe Dewost ——— 著

何道宽 ——————— 译

中国大百科全书出版社

图字：01-2025-0686

图书在版编目（CIP）数据

随机存取存储器：数字技术革命的故事 / （法）菲
利普·德沃斯特著；何道宽译 . -- 北京：中国大百科
全书出版社，2025. -- （媒介环境学译丛）. -- ISBN
978-7-5202-1920-4

Ⅰ . TP3

中国国家版本馆 CIP 数据核字第 2025TE9296 号

Original Title: DE MÉMOIRE VIVE---UNE HISTOIRE DE L'AVENTURE
NUMÉRIQUE
By Philippe Dewost
© Éditions Première Partie, Paris, 2025
Chinese translation published by Encyclopedia of China Publishing House, LTD. in
corporation with the owner Première Partie SARL.
All rights reserved.

出 版 人	刘祚臣	
策 划 人	曾　辉	
出版统筹	王　廓	
责任编辑	邢　琳	
责任校对	林思达	
责任印制	李宝丰	
封面设计	赵释然	
出版发行	中国大百科全书出版社	
地　　址	北京市西城区阜成门北大街 17 号	
邮政编码	100037	
电　　话	010-88390635	
网　　址	www.ecph.com.cn	
印　　刷	北京君升印刷有限公司	
开　　本	880 毫米 × 1230 毫米　1/32	
印　　张	10.375	
字　　数	216 千字	
版　　次	2025 年 6 月第 1 版	
印　　次	2025 年 6 月第 1 次印刷	
书　　号	ISBN 978-7-5202-1920-4	
定　　价	69.00 元	

本书如有印装质量问题，可与出版社联系调换。

总　序

20 世纪 50 年代初，哈罗德·伊尼斯的《帝国与传播》《传播的偏向》和《变化中的时间观念》问世。1951 年，马歇尔·麦克卢汉的《机器新娘》出版。20 世纪 60 年代，麦克卢汉又推出《谷登堡星汉璀璨》和《理解媒介》，传播学多伦多学派形成。

20 世纪 80 至 90 年代，尼尔·波兹曼的传播批判三部曲——《童年的消逝》《娱乐至死》《技术垄断》陆续问世，传播学媒介环境学派形成。

1998 年，媒介环境学会成立，以麦克卢汉为代表的传播学第三学派开始问鼎北美传播学的主流圈子。

2007 年，以何道宽和吴予敏为主编、何道宽主译的"媒介环境学译丛"由北京大学出版社推出，印行四种，为中国的媒介环境学研究奠基。

2011 年，以麦克卢汉百年诞辰为契机，麦克卢汉学和媒介环境学在世界范围内进一步发展，进入人文社科的辉煌殿堂。中国学者不遑多让，崭露头角。

2018 年，深圳大学传播学院与中国大百科全书出版社达成战略合作协议，推出"媒介环境学译丛"，计划在三年内印行十余种传播学经典名著，旨在为传播学修建一座崔巍的大厦。

我们重视并推崇媒介环境学派。它主张泛技术论、泛媒介论、泛环境论、泛文化论。换言之，凡是人类创造的一切、凡是人类加工的一切、凡是经过人为干扰的一切都是技术、环境、媒介和文化。质言之，技术、环境、媒介、文化是近义词，甚至是等值词。这是媒介环境学派有别于其他传播学派的最重要的理念。

它的显著特点是：（1）深厚的历史视野，关注技术、环境、媒介、知识、传播、文明的演进，跨度大；（2）主张泛技术论、泛媒介论、泛环境论，关注重点是媒介而不是狭隘的媒体；（3）重视媒介长效而深层的社会、文化和心理影响；（4）深切的人文关怀和现实关怀，带有强烈的批判色彩。

从哲学高度俯瞰传播学的三大学派，其基本轮廓是：经验学派埋头实用问题和短期效应，重器而不重道；批判学派固守意识形态批判，重道而不重器；媒介环境学着重媒介的长效影响，偏重宏观的分析、描绘和批评，缺少微观的务实和个案研究。

21世纪，新媒体浩浩荡荡，人人卷入，世界一体，万物皆媒介。这一切雄辩地证明：媒介环境学的泛媒介论思想是多么超前。媒介环境学和新媒体的研究已融为一体。

在互联网时代和后互联网时代，媒介环境学的预测力和洞察力日益彰显，它自身的研究和学界对它的研究都在加快步伐。吾人当竭尽绵力。

译丛编委会

2019年9月

目 录

译者序

这篇小序回答四个问题：（1）什么书？（2）他是谁？（3）有何亮点？（4）学什么？再加上我对作者中文版序更新本的一点体会。

（一）什么书？

先说它是什么书。作者在中文版序里说："《随机存取存储器：数字技术革命的故事》讲述、解码和解释三十年数字技术的故事。这个故事有悲剧、英雄、经验和教训。本书的历史视角弥足珍贵，它提醒我们，今天的人工智能革命在速度和规模上前所未有，但它仍然遵循着我们可以理解和影响的范式。本书既考察历史，又探索未来。"他又说："它引领我们成就今天的道路，我们借以深入了解可能会走向何方。"

再说它不是什么书。作者的"绪论"里有这样一段话："本书不是论技术的第 n 部作品。论人工智能、量子计算、机器人学、技术巨头或技术伦理的大作车载斗量，现有、在制或将来的出版物难以计数。阅读并消化这些著作需要花费年月，有些几个月就过时，更多的著作朝生暮死。本书不预测或远或近的未来，未来学家已然众多，而未来则由我们众人创造。"

麦克卢汉嫡系传人、多伦多大学荣休教授德里克·德克霍夫[1]为本书中文版赐序，其中的几段话凸显本书的价值："书读起来很爽，轻快，所有的技术和历史细节都因第一手经验和脉络清晰的报告而栩栩如生。""所有的章节标题都语意双关，凸显论题的复杂和作者欢快的自由。这样的双关意义不是要告知题名的内容，而是要挑战你的好奇心，邀请你在阅读过程中去辨识其指向的内容。""随意翻翻这本书，读者就会爱上它：你喜欢恢复一些基准事件的年表和语境，比如首批 iPhone 是何时到来的，它们又是何时普及、广泛渗透到公共领域里的数字变革的。"本书的追求还具有教育意义：每章结尾有一页针对本章内容的思考题，这是事实调查历史叙事里一个小巧的革新。这个方法很好，它胜过抽象和冗长的导读，用指引式问题去释放你的阅读经验，让你重温内容。它不用一连串的陈述告诉你什么，而是用一套问题推动你进一步思考。"

法兰西科学院院士、菲尔茨奖得主赛德里克·维拉尼（Cedric Villani，1973）为本书赐序，赞扬本书说：德沃斯特建议我们"纵

---

1. 德里克·德克霍夫（Derrick de Kerckhove，1944—），多伦多大学荣休教授、麦克卢汉嫡系传人，弘扬麦克卢汉的媒介理论，主张文理交叉，横跨诸多领域，著作十余种，要者有《文化的肌肤：半个世纪的技术变革和文化变迁》《麦克卢汉经理人手册》《大脑的结构》《字母表与大脑》《个人数字孪生体》《量子生态学》等。——译者注

身回溯历史，深入大大小小的故事，了解这场热闹而混乱的革命，了解其技术发展——首先是经济社会的发展，偶尔被戏剧性变革和武力变革打断的发展，了解幕后或公共广场打造和推翻的帝国……无论你是否是数字时代的原住民，你都会享受唤起这个英雄时代的故事。拓荒者热情洋溢、意志坚定地追溯自己的足迹，同时还爆发出一阵狂热。在这个领域，正如在许多其他领域一样，温故而知新，过往时常透露出通达现在的信息"。

我要补充说：

每章结尾都设有思考题。作者提出问题、发出挑战，调动读者去释放阅读经验。问题很机巧，相关性高，对各个层次的人都有针对性，政界人士、企业主管、业界人士和青年学生能从中受益。

本书瞄准许多读者：公共决策人、私人决策人、学生和好学的人。这本栩栩如生的史书提炼出以下的主题：（1）数字文化的故事很棒。一切事情都发生在我们的眼皮底下，没有任何事情是偶然发生的。（2）一切事情都有政治色彩，直到当下的元宇宙。一切事情都处在监管之下，都是为自己谋利的艺术。（3）在数字技术领域，唯一的局限是人才，几个关键人物改变世界的深度大大超过了根基深厚的公司或政府。

（二）他是谁?

菲利普·德沃斯特（Philippe Dewost）是数字时代的风云人物。三十年来，他身处数字革命前沿，多栖发展，横跨公务、企业、创业和学术，在数字技术、公共政策和社会服务领域卓有建树。

法兰西科学院院士、菲尔茨奖得主赛德里克·维拉尼（Cedric Villani）也为本书赐序，盛赞扬德沃斯特说："作者独特的履历赋予了他讲这个故事的合法性。他是科班出身的科学家、国际工程界的精英，数字技术的部署就依托这群精英。他是军民两用世界的见证者和行动者。他是身居高位的观察家，见证了所有的数字大灾变、诺基亚的衰落、主权云的创伤、逆境中崛起的智能手机，以及其他众多的大变局……他是睿智的分析师、热情洋溢的讲故事高手、传授奥秘的老师，他让我们重温这些历险故事的氛围。在这里，对技术的讴歌是变革的引擎。他善于从这些历史风云中吸取教训，涉及广阔的课题，从大哲学原理到针对企业家的非常实际的献计献策。"

以下是他职业生涯的几条线索。

政府顾问生涯：起草"未来投资计划"（Investments for the Future Program）报告，提交"巴黎数字之都"（Paris Capitale Numérique）报告。

技术生涯：纽约起步、硅谷浴火、伦敦考察、法国起飞。

从教生涯：东英吉利大学、法国高等信息工程师学院，或教学、行政重担双肩挑，或教学、行政、创业三架齐飞。

创业生涯：创建人眼保真技术公司 imSense、情绪识别研究公司 RealEyes 3D 等。

（三）有何亮点？

作者回忆记叙的生动文字贯穿全书：数字革命的波涛汹涌、技术竞争的白热惨烈、个人创业的艰难曲折，大大地减轻了阅读技术历史的痛苦羁绊。

他说：

"本书不是论技术的第 n 部作品。论人工智能、量子计算、机器人学、技术巨头或技术伦理的大作车载斗量，现有、在制或将来的出版物难以计数。阅读并消化这些著作需要花费年月，有些几个月就过时，更多的著作朝生暮死。本书不预测或远或近的未来，未来学家已然众多，而未来则由我们众人创造。

"这是一本历史书。凡是深思'我们如何来到这里？'，凡是不甘心接受现成答案的人，凡是需要理解以便行动的人，都是本书的对象。这是一本故事书。证词和文章混合，通过我的亲身经历重温二十五年的岁月。我竭力引领你自己去拷问，去辨识非直觉可悟的原理，去深度把握数字经济的管理机制。对于想要把数字技术与自己的日常行为和选择结合起来的人，拥有重要机制和兴趣的清晰视野是必要条件，拥有运行原理和规律的憧憬必不可少，因为这些原理和规律并不是不言自明的。

"数字技术令人着迷，形塑我们的生活、选择和经济，塑造未来几十年的政治。只对其进行评价已然不够，本书讲述、解码和解释三十年间的'技术'故事。

"云服务的先驱并不是诞生在硅谷，也不是降生于实验室，甚

5

至不是孕育在一个纯技术玩家的头脑里，也不是出生在巨型信息技术公司里……云计算是由一位书商发明的！

"云计算诞生在同步化和虚拟化两大技术发展的交汇处。这样的交汇意味着移动宽带的推广有望达成永久的连接。

"今天的生成式人工智能系统经常显得很神奇——编写代码、创建图像、创作音乐，甚至参与哲学话语。这样的魔法感知固然可以理解，却掩盖了重塑我们世界的三场同步革命：前所未有的进步速度、所需资源的天文数字规模、创新重心的根本转变。"

他回忆创建法国网络服务商瓦努阿图（Wanadoo）的情景：

"那还是一个一切都要自己动手的时代，没有一般的通用工具，也没有通用的服务砖。我们处在淘金热的初期，铲子、镢头等小五金工具商店里还没有……我们那帮人还是要从零开始，仿照美国人的行为范式……1996 年 5 月 2 日……经过一天一夜手忙脚乱的测试和矫正之后，在二十五年前问世了……Wanadoo 像一台内部启动的引擎，开足马力全速前进，经过几个月的猜疑后，它得到了母公司法国电信真正的溺爱。1998 年，我们已经是排名第 150 名的大厂了。"

他能把人物刻画得栩栩如生，颇有太史公笔法。他在巴黎求职时硬闯了招聘外派人员去纽约的面试现场，但纽约并不是他的目的地，他想去的是硅谷。招聘者是一位严苛的女面试官，面试成了惊心动魄的较量：

"MMS 面试"有三条简单的规则：回答一切问题，有疑问时立即住嘴，绝不能说"不"。违规是绝对不可能被允许发生的，她的任何裁决都是终局。刚一进屋，我就要面对那令人恐惧的问题："告诉我你的情况！"我还没有说完第二句话，她的裁决就拍案落定："好的，你被录取了！"我犹豫片刻，不由自主地说："谢谢您，当然，我对美国感兴趣，但我喜欢到西海岸……"几秒钟时间，我准备被她全灭，却见她莞尔一笑，第二次裁决："好主意，我会帮助你。我们很快再谈。"走出面试屋时，我默默数着手脚、骨骼和神经。室外的下一个候选人看见我不像他那样战栗，感到非常吃惊。我要去硅谷啦！

他以哲人的眼光透视技术发展，在第九章讨论数字经济的悖论三角——时间悖论、地理悖论和达尔文主义悖论，这样的论述没有过时。他向法国政府提交创建"数字区"的报告，将这三个悖论扼要呈现如下：

2008 年的金融危机揭示了方法论和政府反应的多样性。一方面，主要经济集团之间的情况不同。另一方面，同一集团内部更不一样。欧盟成员国采取的一些措施和对策旨在恢复其竞争力，捍卫其治所、领地或市场的吸引力。

长期以来，数字经济的大玩家一直在市场、生产区域和税收框架中套利，它们通过利用某些国家的增值税制度、企业所得税或劳动力市场展开的竞争来套期图利。近年来，这些竞争已蔓延到包括企业家、人才和投资基金的竞争。

如果说国家之间正在打数字吸引力之战，那么它们的大都市就在打头阵，数字之战归因于数字领域持久革命的第一个悖论特征——数字生态系统的"超局部性"（hyperlocality）。虽然互联网使一切都可以远程设计、开发、优化和销售，但数字生态系统在地理上却是高度集中的！即使数据和算力已经被置于云端，硅谷沙山路（Sand Hill Road）的企业家多半还是继续在距其办公室三十分钟车程的范围内投资……

旧金山是企业创始人和联合创始人密度最高的城市。因此，它在与许多首都城市竞争，与首都城市吸引人才、本地和外国企业家以及强大投资基金的能力展开竞争。

这样的竞争对于解决管束数字经济的第二个悖论至关重要。这个悖论是：无目标、迭代式、短反馈过程的组合允许不断探索开发的可能性和市场的改造。在这个过程中，初创企业形式的新项目不断涌现。这种缺乏领导力的态势被风险资本家快速而强大的干预能力所抵消。事实上，一旦一个创新项目开始显露吸引力，风险投资者就会注入大量资金，以期通过"加速达尔文主义"（accelerated Darwinism）在每个类别中培养出一两个冠军，并在它们征服美国市场后立即为其全球部署提供资金。以色列的位智（Waze）就是这样的创新公司。在不到五年的时间里，它成功征服了 GPS 在智能手机上的市场：拥有大约 5 000 万用户、5 500 万美元的投资，以至于谷歌用 11 亿美元的现金收购它，而它的员工还不到 100 人。

这种现象正以越来越快的速度展现在我们眼前，比我们大多数人想象的还要快（谁会在 2007 年预料到，诺基亚会在短短五年内失去其软件主权？）。变化的速度挑战了我们通常的时间基础，无论行政时间、监管时间甚至立法时间都受到挑战。然而，这就是该行业发展的第三个悖论：数字经济玩家所做的大多数选择都是基于框架的稳定性，而不是基于领地吸引力的各种参数，无论企业家、风险投资家或跨国公司都是这样决策的。布拉德·菲尔德（Brad Feld）是莫比乌斯风险投资（Mobius Venture Capital）的联合创始人，著有《创业社区：在你的城市建立创业生态系统》（*Startup Communities: Building an Entrepreneurial Ecosystem in Your City*）。他就解释说，一个创业生态系统是在二十年的时间里培育起来的。

数字资本进入（或再入）国家之间的竞争时，那就意味着接受这三个悖论的考验，并信守一种客观的方法，其基础则是：现有和未来生态系统的超局部性，将自然出现、强选择性和极强反应结合起来的能力。这种方法必然是政治和行政框架的一部分，这一框架提供了国家和地区层面对齐的典范，以及数字资本的长期承诺。

第十一章有关比特币和区块链的论述彰显了他作为技术人才和哲学人才的广度和深度，很少有人能超越他。他详解十点观察，涉及历史、审美、政治、数值、技术、经济、计算、法律、能源、物理等方面。

（四）学什么

《随机存取存储器：数字技术革命的故事》写数字技术和数字革命的历史，赶上了新潮，且有前瞻性，但它付梓于 2021 年底。三年过去了，芯片革命、人工智能的飞速发展把任何天才的语言都甩在后面。我们从中学到很多东西，最重要的是作者好学深思、永远进取的精神。我们最不能忘的是作者对"三学科"及文理融合的劝诫。

在该书正文和特意撰写的中文版序里，他念兹在兹的就是这样的人文关怀。

全书的最后一句话是："三学科"是一切教育的基础。任何改革计划都不应消除、减少"三学科"的教育，更不能使之分离。"三学科"就是数学、哲学和历史。在中文版序里，他重申并拓展了这一思想："三学科"是一切教育的基础。

我们要学习他质朴而执着的人文关怀。结语里还有这样一段话：

> 在巴黎政治大学的一次研讨会后，一个学生问我："人工智能将在一切领域取代人吗？如果不能在一切领域取代人，例外的领域是什么？"我猛吃一惊，只听自己答道："我是这样看的，大概在两种情况下，人工智能是不能取代人的。这两种情况不是效率谱的两个极端。20世纪留下了新鲜的、有时血腥的痕迹。一方面，唯有人过去能且将来大概也能激励亿万人，

无论在精神上、审美上或政治上，无论好坏。另一方面，在效率谱的另一端，任何东西都不可能再伸缩了，一个人只能治愈、安慰和陪伴一个邻居。治疗师只能一次倾听一位病人。我们只能一次握住一个临终者的手。"

紧接着就是全书倒数的第二句话：2021 年 10 月 1 日，我重返学校，就是这个道理。

我去信追问他这句意义隽永的话，他回答说："他转入法国高等信息工程师学院（EPITA），肩负三重重任：教学、行政、企业主管。"

（五）中文版序更新本

在不到半年的时间里，德沃斯特为他的《随机存取存储器：数字技术革命的故事》写了两篇中文版序。2024 年 11 月 30 日发来的中文版序本已很新潮，但 2025 年 1 月 15 日中国的 DeepSeek 横空出世、正式上线，这使他震惊。两天后他就来信，表示必须重写，却又想尽可能推迟写，因为他生怕新版刚一完成就已过时。

他的担心是对的。麦克卢汉在《理解媒介》的"媒介即信息"那一章里就说过："凡运转者，皆已过时。"（If it works, it's obsolete.）菲利普·马尔尚在《麦克卢汉：媒介及信使》里也说："《机器新娘》1951 年终于面世，麦克卢汉并不感到满意，他已经和出版社斗争了六年。"多年之后，麦克卢汉仍然觉得，《机器新娘》"面世时，电视已经使它的主要观点全部过时"。我甚至可以说:"任何书刚一出版即已过时,何况一篇序文呢?"

2025 年 3 月 7 日凌晨收到德沃斯特的中文版序第二稿。他大段增写,更新近年近月近日技术发展的所有数据。第二稿满纸更新,充满感慨和哲思,同时又有所保留,话不说尽。其敬业精神令人敬佩,我相信必能引起读者的共情和共鸣。

何道宽
于深圳大学文化产业研究院
深圳大学传媒与文化发展研究中心
2025 年 3 月 7 日

中文版序
鲜活的记忆：数字奇遇的故事

你将阅读的这本书问世已有三年。在技术指数发展的背景下，这本书可能会被视为过时。

任何关于科技预测的书籍，尤其是在人工智能领域，几个月甚至几周内就会变得过时。不过，《随机存取存储器：数字技术革命的故事》（以下简称《随机存取存储器》）并不是谈未来的书。它涵盖了科技的近期历史，帮助世界各地的读者理解产业所面临的挑战和长期趋势。正如已故的史蒂夫·乔布斯（Steve Jobs）所说，这是"将点与点连接起来"的书。《随机存取存储器》缺少最后一章，尤其缺少人工智能的部分，但目前看来写这最后一章尚为时过早，因为整个产业风景尚未稳定下来。

去年12月，聊天机器人模型ChatGPT满两岁。像早慧的儿童一样，它以前所未有的速度掌握多门语言、艺术和科学，OpenAI开发的这个聊天机器人已然把技术新玩意儿变成全球数亿人日常的伴侣。其成长速度无视以前采用的一切指标——中国的现象级全球社交媒体 TikTok 花了九个月的时间才达到 1 亿用户，而 ChatGPT 仅用两个月就抵达这一里程碑。如今，ChatGPT 用户每天生成 3 000 亿个单词，相当于每小时就重写一次维基百科的英文内容——这是我在 2022 年 2 月用法语写本书时难以想象的人机交互量。凑巧在那个月，OpenAI 发布了 ChatGPT API。今天，与 OpenAI 刚刚发布的 GPT-4.5 相比，GPT-3 现在已经被 500—1 000 倍的差距所压倒。

科幻文学鼻祖阿瑟·克拉克（Arthur C. Clarke）说得好："任何足够先进的技术都与魔法没有区别。"今天的生成式人工智能系统经常显得很神奇——编写代码、创建图像、创作音乐，甚至参与哲学对话。这样的神奇感知固然可以理解，却掩盖了重塑我们世界的三场同步革命：前所未有的进步速度、所需资源的天文数字规模、创新重心的根本转变。这些主题自始至终在本书的技术探索里回荡。

先考虑规模。2023 年 11 月，启动深度学习革命的著名人工智能专家李飞飞博士致信美国国会，发出令人深省的信息。斯坦福大学是世界领先的人工智能研究机构之一，却仅有 300 台图形处理器（GPU）。与此同时，微软原本计划到 2025 年春时部署 180 万台 GPU，如今却已部署 250 万台 GPU，大大超过原定计划。业界与学界 6 000 ：1 的 GPU 拥有量鲜明对比，说明前沿人工智能研究如何转移到了学界之外。2011 年，人工智能博士毕业生在学术界和工业界平分秋色。如今，70% 的博士加盟私营公司，工业界吸引人才的资源是学界无法比拟的。

这种权力集中的现象最明显的表现就是产业和市场里硬件对软

件的依赖。英伟达市值 3 万亿美元，目前控制着人工智能芯片市场约 70% 的份额，它面临 AMD、Intel 和硅谷云服务供应商的激烈竞争，其市场主导地位已经从 2023 年巅峰时的 80% 降至如今的 70%。这一变迁与本书第十章的"软件飙升，硬件式微"相呼应。那一章预料，即使在看似虚拟的行业中，对物理基础设施的控制仍然是至关重要的。虽然英伟达的主导地位有所下降，但主要的云技术服务商仍然严重依赖它的芯片，微软将数据中心 GPU 预算的近 60% 用于采购英伟达芯片，而谷歌和亚马逊分别将预算的 45% 和 40% 用于采购英伟达芯片。微软宣告 2025 年用 800 亿美元投资计算力基础设施，苹果未来五年在这个领域投资达 500 亿美元。同时，在一个 122 天内建成的数据中心里，xAI 公司在 19 天内就部署了 10 万台 GPU。半导体的风景线快速演变，Anthropic 等公司开发定制芯片以减少对英伟达的依赖。这样的演变正是本书描绘的镜像：众多公司为夺取竞争优势而追求纵向集成的动力学。

能源需求同样惊人，这个主题与第九章"数字经济的悖论三角"共鸣。训练一个前沿的大语言模型消耗的电力相当于一个 10 万人口城市一天的用电量。从这个角度来看待这一点，仅微软的人工智能运营所需的电能预计就相当于 5—6 个核反应堆输出的电能，比两年前核电站输出电能翻一番。中国认识到这一挑战，正在加速建造 40 多座核反应堆，其中许多专用于人工智能和技术区。中国正在实施本书探讨的战略举措——长期基础设施的清晰谋划。零碳算力的竞赛已变得与算法竞赛一样至关重要，引导了东西方通用的创新。中国贵州省率先实施的数据中心液体冷却技术降低能耗 35%，

中文版序

微软的水下数据中心实验还在继续发展。

以百度的机器人文心一言（Ernie Bot）4.0 和字节跳动的专有模型为例，中国在多模态 AI 方面的进步，以及最新言语技术方面的突破证明，不同的监管环境如何加速人工智能特定方面的发展。《中华人民共和国数据安全法》和《中华人民共和国个人信息保护法》为数据利用创建了一个结构化的框架，使创新和战略利益得以平衡。这种监管方法，与本书第七章"从操作系统到系统的运行"所描述的更为分散的西方景观形成对比。

竞争从硬件和数据延伸到人才，这是本书探讨创新在地理上集中分布的主题。顶级人工智能研究人员的薪水高达八位数，重要的实验室在人才聚集的地方建立业务。谷歌 DeepMind 从巴黎往上海扩张以利用区域优势；微软在伦敦、新加坡一些城市和特拉维夫建设基地；OpenAI 在巴黎、东京和伦敦开设实验室。字节跳动、阿里巴巴和新兴的深度求索等中国公司在全球范围内建立了人工智能实验室，它们认识到创新无国界——这一现实呼应了第九章"数字经济的悖论三角"里的数字创新的地理悖论。

2025 年 1 月，深度求索（DeepSeek）发布的 DeepSeek v3 是一个分水岭，显示中国公司在出口限制下仍能迅速进步。凭借开发需要较少计算资源的新算法，DeepSeek 证明，控制反而激发灵活的创新——这是本书反复考察的模式。随着美国科技股市场的矫正，近 10 000 亿美元的价值灰飞烟灭。特朗普总统宣布"星门"计划（Project Stargate）5 000 亿美元的投资之后几天就发生这样的震荡，说明 AI 的发展继续塑造着产业地缘政治的维度。

但在这些挑战中，效率的突破带来了希望。法国的 Mistral Large 2 语言模型、美国 Anthropic 公司的 Claude 3.7 十四行诗模型和京泰（Kyutai）的莫希（Moshi）等大语言模型，展示了堪比更大模型的性能，其能耗却仅为两年前所需能量的 1/200。京泰是法国一家非营利组织，由亿万富翁泽维尔·尼尔（Xavier Niel）资助，他们致力于开放研究和原型开发，其开创性的莫希对话代理系统能够直接将语音处理成语音，无需中间的文字转换步骤，大幅减少了延迟，创造了更加自然的互动体验。清华大学的研究人员开创了模型压缩的新方法，实现了显著的效率提升。产业界努力应对环境影响时，这些进步至关重要——这与本书第五章"九键键盘的统治"所讨论的资源消耗主题直接相关。

人工智能对我们数字世界的影响已经十分深远。最近的统计表明，人工智能生成了 40%—45% 的新在线文本内容、60% 的共享图片，以及越来越多与人类媒体的创作难以区分的视频内容。在中国，微信、支付宝和抖音等平台上的 AI 服务每天处理数万亿次互动，而高盛（Goldman Sachs）现在可以在几秒钟内生成复杂的法律文件（如 S-1 申报书），而不是之前需要几天或几周的时间。高盛 23% 的员工是工程师，这一事实说明了本书第八章"云端书商亚马逊"中描述的转变——传统产业如何围绕数字能力完成自身的重组。

如何区分人类生成的内容与人工智能生成的内容，这一挑战随着每一次进步而变得更加复杂，引发了关于数字空间中真实性和信任性的基本问题。2025 年 2 月的巴黎人工智能行动峰会试图通过国际合作来解决这些问题，制定了"负责任的人工智能巴黎框架"，吸引西方国家和中国的广泛参与。这一框架代表了本书"结语：狂人的纵向集成"中倡导的技术治理的合作方针。

这种人工智能能力集中在私人手中的情况引发了关于创新未来的重大问题。斯坦福大学的人工智能研究所警告，大学曾经是GPS、MRI和互联网等变革性技术的发源地，如今却有被边缘化的风险，大学在人工智能的发展中处于次要地位了。美国"创建人工智能法案"（Create AI Act）的实施，承诺投入320亿美元用于国家人工智能研究基础设施建设。这是姗姗来迟觉悟的标志：将人工智能开发完全交给私人科技巨头可能会损害公共利益——本书对广泛的技术发展模式表示关切。

2025年2月，美国科技公司联盟宣布"星门"计划（Project Stargate），拟投资5 000亿美元。该倡议进一步显示当前人工智能开发的规模。这一前所未有的私人投资在计算基础设施上的投入远远超过了大多数国家的科研预算，强化了本书所描述的创新重心转移。与此同时，中国通过下一代人工智能规划持续投资硬件和算法开发，确保即使监管和贸易壁垒增加，人工智能创新仍能保持全球分布的局面。

高度专业化AI系统的出现也加速了。谷歌DeepMind的AlphaFold 3以前所未有的规模准确预测了蛋白质相互作用，彻底改变了药物的研发；而北京基因组研究所也开发了类似的系统，优化了亚洲遗传数据。这些专门的应用显示，AI的影响远远超出消费应用，延伸到了科学研究和医疗保健领域——在这些领域中，数据、计算能力和专业知识的结合创造了新的卓越中心。

理解这些发展所需要的不仅仅是技术知识。本书有一句压轴话："三学科"是一切教育的基础。任何改革都不应消除、减少"三学科"的教育，更不能使之分离。只有它们结合时，我们才能理解这个世界，它们的结合使我们进步。"三学科"就是数学、哲学和历史。

"三学科"的框架为我们的人工智能革命导航，仍然至关重要。数学帮助我们掌握技术基础，哲学指导我们的道德实践，历史揭示了塑造技术变革的范式——本书就此做了巧妙的展示。人工智能以前所未有的速度飞跃发展。与此同时，人类的智慧也通过对过去的了解而积累起来。

2025 年初，京泰公司的 Moshi 模型崛起，体现了多学科理解的需求。这个由泽维尔·尼尔支持的法国非营利项目，通过消除传统转换步骤的新方法，在语音处理方面求得了突破性的性能提升，而不是依赖暴力计算。借鉴不同的知识传统并公开其研究成果，该团队创建了一个系统，展示了更少参数下卓越的对话能力——由此表明多学科和开放合作得到优化时，创新就会涌现。

《随机存取存储器》问世以来，其中所论数字技术演进和人工智能革命的观察业已得到验证。它对数字创新悖论、物理基础设施的重要性以及技术发展地缘政治维度的分析，为我们理解当前的技术发展提供了必要的框架。随着人工智能以越来越快的速度重塑我们的世界，本书提供的历史视角不仅变得有趣，而且至关重要。

菲利普·德沃斯特

2025 年 3 月 6 日

德克霍夫 [1] 序

　　菲利普·德沃斯特（Philippe Dewost）的《随机存取存储器》原名 *De Mémoire Vive*（鲜活的记忆）。那是聪明的双关语，有几层含义，我准备用这篇小序引导读者领略它。首先，其法文书名 *De Mémoire Vive* 相当于其英文书名 *Living Memory*，既暗指技术，又暗指认知功能。如此，本书既回忆信息与通信技术的历史，又回忆作者本人的经历。他的经历与法国电子网络的发展密切相关，始于1995年。彼时，法国人终于明白，互联网比他们的法国国家网络（Minitel）重要得多，他们那种可视图文服务只兴旺了几年。菲利普·德沃斯特本人是法国互联网供应商 Wanadoo 的创建人之一。

　　另一个层次的意思是使用 vive 的双关语意义。实际上，书名里

---

1. 德克霍夫著作十余种，其中一些已被译成十余种语言，要者有《文化的肌肤：半个世纪的技术变革和文化变迁》《麦克卢汉经理人手册：新思维的新工具》《大脑的结构：技术，心灵与商务》《字母表与大脑：书写的偏侧化》《个人数字孪生体：人机融合在东西方的社会心理影响》《量子生态学》等。——译者注

的介词 De 指向两件事：一是书，它源于一个活生生、有思想的人，那是当然；但那又是一个生动活泼的人、活灵活现讲故事的人。书读起来很爽，内容容易理解，所有的技术和历史细节都因第一手经验和脉络清晰的报告而栩栩如生。

可以加上的第三层意思是"新鲜"，虽然它跟不上出版后的技术进展（那是一切印刷品的命运），但作者新近的记忆仍然适用于本书最新的思想。你在这本书里固然读不到生成式 AI 或元宇宙，但我们在这里处理的不是"死"的数据，而是一个意义重大、大有裨益、徐徐展开的发展进程。这个进程还在继续，而且势头日增。作者回首初创岁月，重述个人经历，以及迅速而复杂的数字变革给人带来的教益。

实际上，所有的章节标题都语意双关，凸显论题的复杂和作者欢快的自由。这样的双关意义不是要告知题名的内容，而是要挑战你的好奇心，邀请你在阅读过程中去辨识其指向的内容。它们的主要内容是网络传播、服务功能倍增和加速技术革新的交互，以满足需求和增长、市场战略和调节，偶尔涉及社会后果——这一切的叙事与作者本人的参与和经验紧紧捆绑。这是第一人称观点的历史叙事，不是自传，而是在世界文化即传播文化一条特殊溪流里的线性展开。我们稍微延伸这一定义，借以突显作者的存在与角色：他的叙事可以被解读为"参与式人类学"（participant anthropology）。

随意翻翻这本书，读者就会爱上它：你喜欢恢复一些基准事件的年表和语境，比如首批 iPhone 是何时到来的，它们又是何时普及、广泛渗透到公共领域里的数字变革的。你可能高兴地看到，在世界各地初创企业倍增时，"开源"发挥了作用。"云技术"那一章论专有技术和公共访问技术的创新、扩散和应用，它不仅能刷新你的记忆，而且邀请你沉思专有技术和公共访问技术的交互，让你领悟到它们都是推进技术进步的必要条件。你可以看看，区块链如何从一种神秘的技术发源，如何从加密的比特币开始，而一整套实验又是如何由此而生的。

本书的追求还具有教育意义：每章结尾有一页针对本章内容的思考题，这是事实调查历史叙事里一个小巧的革新。这个方法胜过抽象和冗长的导读，用指引式问题去释放你的阅读经验，让你重温内容。它不用一连串的陈述告诉你什么，而是用一套问题推动你去进一步思考。如此，本书直接向读者提出问题、发出挑战，把读者的积极性调动起来。问题很机巧，相关性高，因为它们是问题而不是简单的陈述，对四个层次能力的人都有针对性：政界人士、企业主管、业界人士和青年学生。这些问题好玩，四个层次的人都可以进行有效的探索。这样的策略把阅读变成个人的探险，读者就不仅仅是在接收给定的信息了。

从全书的 35 个问题里，我挑选了三个特别有时代意义的问题。当前，元宇宙和生成式人工智能蓬勃发展，要求政府和条例制定者采取明智的措施，因为这些技术发布时可能免费让人使用，人们可能对其伦理、经济、社会和政治后果准备不足。

第一个问题：你是政界人士，什么数字技术能确保我们国家的技术独立？

当下围绕芯片生产的探讨和政治制度，以及有关"量子霸权"（quantum supremacy）的主张，都是有关技术作用的例子。这些数字技术或其他技术赋予一个国家的经济政治优势。

第一章厘清了这个问题。全书强调创新、市场和政府如何主导控制权，总体和可预测的趋势是创新优先。技术巨人或卑微的初创企业都会召唤创新，但被市场选中的创新则是凤毛麟角。只有等到创新开拓市场后，政府才会步入予以调节。一般的情况都是政府出手太晚。为什么这样说？这是因为从电视时代甚至更早的时代开始，一切技术在开发的初期都是免费分发的，目的是要营造一个消费趋势。近期最戏剧性的例子是 ChatGPT（聊天机器人）。2022 年 11 月 30 日发布后的短短 5 天时间，它就"收割"了 100 万用户，这是史无前例的快速市场吸纳。

第二个问题：你是政界人士，你是否考虑过，如果国家像一个"操作系统"，那会是什么样子？那样的国家履行什么职能？谁来开发这样的职能？

这是第七章的问题，最复杂却最有用，因为它引起你注意 iOS 操作系统。当你为你的笔记本电脑安装操作系统时，你不得不在微软的 MOS 和苹果的 MacOS 之间做出选择；当你为你的智能手机挑选终生的操作系统时，你不得不在谷歌的 Android 移动操作系统和苹果的 iOS 移动操作系统之间做出选择。一旦选定，你就不必再去考虑其他操作系统。但这一章结合了一段 YouTube 视频的记忆，我借此提炼出了我自己的文化操作系统（COS/Cultural Operating Systems）的理论。

容我仿照菲利普·德沃斯特的风格予以说明。让－路易·康斯坦扎（Jean-Louis Constanza）是奥兰治电信公司的董事。2011 年 10 月中旬，他发布了一款病毒式视频。视频显示，他一岁的女儿想要抓取一份时尚杂志的图片。她那次受挫而沮丧的经历，以及她后来在自己平板电脑上获取图像的快乐，肯定是该视频在国际上走红的原因之一。但至今令我印象深刻的是女孩妈妈在视频末尾说的一句话，那是她未来先知的判断："史蒂夫·乔布斯（Steve Jobs）把我宝宝的一部分操作系统纳入自己的编码了。"[1] 这个暗示隽永的理念使我陷入一连串的猜想中：不仅儿童，每个人在网上花费的时间越来越多，他们的思想会受到什么影响呢？数十年来，我探索书写对人脑的影响，我警觉任何类似于屏幕上瘾的影响，而且注意数字变革本身的影响。也许受到同一个视频的启示吧，操作系统的理念也得到尤瓦尔·诺亚·赫拉利[2]（Yuval Noah Harari）的呼应。他在 2023 年 4 月号的《经济学家》载文指出：

> 在过去的若干年里，人工智能从一个出乎意料的方向冒出来，威胁人类文明的存续。AI 获得了操纵和生成语言的非凡能力，无论是在语词、语音或形象的层次上都是如此。AI 已侵入人类文明的操作系统。[3]

关键不是要宣称我的这一发现，而是要强调指出：主导的信息处理系统不限于语言，更准确地说还包括语言的书写系统和现在的

---

1. https://www.cnet.com/culture/1-year-old-thinks-a-magazine-is-a-broken-ipad

2. 尤瓦尔·诺亚·赫拉利（Yuval Noah Harari，1976—），以色列新锐历史学家，享誉世界，著有《人类简史》《未来简史》《今日简史》等。——译者注

3. https://www.economist.com/by-invitation/2023/04/28/yuval-noah-harari-argues-that-ai-has-hacked-the-operating-system-of-human-civilisation

数字化，它们是整个文化的操作系统。如今，人工智能也成为整个文化的操作系统。事实上，无论你读这本书的英文版或法文版，你都在获取同样基本的文化操作系统（COS），那是口语语音的再现。相反，如果你读它的中文版，你就在精神上和社会上依靠另一种截然不同的文化操作系统，姑且不论你在政治上还要依靠这个系统。我们的译者很清醒地意识到这一点，他不仅要考虑原书每句话的语意，而且要考虑读者会如何解读它。

第三个问题：你在竞选总统，你在数字主权和云技术上的竞选言论有多深入？你是否考虑过技能主权的概念？你是否考虑过在这个领域培养工程师所面对的挑战？

这是最后一章的一个问题，它似乎在呼应第一章那个问题，只是提出了另一个视角，而我选择了抗拒的姿态。我反对滥用宣示主权和霸权的世界趋势，不仅反对英国脱欧或量子计算表现出来的那种滥用主权和霸权趋势，而且反对在任何语境里宣示主权和霸权的趋势。诚然，竞争服务我们，且效果一直很好——德沃斯特的《随机存取存储器》就是充分的证明。但在即将来临的量子时代，面对气候变化和随之而来的分布很广的灾难，面对那些竞争性生产过剩和消费过剩的灾难，难道不应该考虑量子物理学那深层的量子纠缠特性，难道不应该支持全球合作来缓和全球竞争吗？是时候了，我们应该思考这个问题。

德里克·德克霍夫

2024 年 8 月 12 日于罗马

维拉尼 [1] 序

    法国国家信息与自动化研究所（INRIA）主办的在线科学文化杂志《间隙》（*Interstices*）不久前建议举行"计算机科学七大家大赛"（Game of the 7 families of computer science），隆重推出数十位科学家和工程师，他们在数字技术的发展中扮演了主角。算法、密码学、人工智能、人机界面、布尔代数等领域的专家和工程师齐聚一堂，从阿尔–花剌子模到杨立昆（Yann Le Cun），从阿达·洛芙莱斯（Ada Lovelace）到玛丽–保罗·卡尼（Marie-Paule Cani）……这个强大的阵容使计算机科学的伟大历程栩栩如生；很长一段时间，计算机科学与数学难分难解，直到 20 世纪中叶才有了飞跃。直到今天，计算机专家还在书写学科发展的新篇章，充满研究进展和新奇发现：表现在人工智能、量子计算或数据中心的最新成果及其算法

---

1. 赛德里克·维拉尼（Cedric Villani，1973—），法国数学家、法兰西科学院院士，获数学领域最高的菲尔茨奖。——译者注

和物理成果中。

但计算科学的发展远远不止于此。二十几年前，这场革命跃出了科学技术的领域，其影响涉及整个经济、社会，甚至人与人的关系。

像大家一样，我在自己的专业里体验这场革命。我在 20 世纪 90 年代中期开始撰写博士论文，日常的研究包括搜寻图书馆架上的文章、仔细复印；会议室不适合用老式的黑板时，我用毡头笔在胶片上书写整篇的宣讲稿；我用传真和书信与同事交流；冗长乏味的参考文献完全靠手写。固然有计算机辅助，但它们远不是日常便携的助手。直到 2001 年，我有时还不得不在夜间去使用我工作站里的计算机。如今，这一切都被一个媒体取代了：无论是编纂数据库还是与世界各地的同事交流、交换文章、写书，一切都通过笔记本或其替身——手机和平板电脑完成了。17 世纪以前，纸上书写的文章就是科学革命的标准；到了 20 世纪，文章需要时可以复印；到了 21 世纪初，纸质文章的标准让位于电子文档的新标准，电子文档需要时则可以打印。

因国民议会议程和我的专业生涯，我在议会也体会到这样的转折。刚履行议员职务时，议会的日程是印在纸上的，几个文件的源头互相竞争，议员们不得不自己动手整理文件。会议期间，服务员分发成堆的文件。因为手捧这些数千克重的文件，我甚至患上了严重的腱鞘炎……今天，一切的一切，包括日志、视频档案、全套的立法文档、修正案、发言顺序、交流文件、合作者须知、多场的会议，都可以由平板电脑及其替身完成了。

著名的计算机科学家莱斯·瓦利安（Les Valiant）的一本书用几段话描绘这一多用途革命，几乎无人预料到这样的革命。计算机时代的初期，一款著名的 IBM 备忘录的结尾说，世界市场需要五六台这样的计算机……

大约在二十五年前，计算机不仅改变了自己的用途，而且改变了它的使用者。和许多科学家一样，我经历了这样的变革：从远胜一般人的见多识广的特权人士变成了普通的使用者，淹没在数字用户的汪洋大海里。

在 20 世纪 80 年代晚期，我是全班同学里第一个大胆使用文字处理器和打印机的人，用计算机完成每周必交的神圣的生物学报告。在 20 世纪 80 年代的理科班学生里，我是第一个享有特权拿到电子邮箱账号的人。那时候，我们这帮小子登录邮箱读到"你有一封邮件"时，非常激动。我们少数人能用上社交网，在校内网络的论坛上，我们先期领略了令人难以置信的言语暴力，社交网催化了入侵论坛的言语暴力。我们率先掌握如何打造一个 Linux 发行版，在社交网上表达新地缘政治问题、新的主权呼号、新的爆炸现象……五十年来，我们想要的目的达成了。大概五年前社交网退潮时，我们曾自问如何使头脑清醒、讲自立、通人伦。

为了理解如何做得更好，就有必要了解那一匹技术野兽是如何奔袭的，那既有用又有趣。这正是德沃斯特给我们的建议：纵身回溯历史，深入大大小小的故事，了解这场热闹而混乱的革命，了解其技术发展——首先是经济社会的发展，偶尔被戏剧变革和武力变革打断的发展，了解幕后或由公共广场打造和推翻的帝国。

作者独特的履历赋予他讲这个故事的合法性。他是科班出身的科学家、国际工程界的精英，数字技术的部署就依托这群精英。他是军民两用世界的见证者和行动者。他是身居高位的观察家，见证了所有的数字大灾变、诺基亚的衰落、主权云的创伤、逆境中崛起的智能手机，以及其他众多的大变局……他是睿智的分析师、热情洋溢的讲故事高手、教学法奥秘的老师，他让我们重温这些历险故事的氛围。在这里，对技术的讴歌是变革的引擎。他善于从这些历史风云中吸取历史教训，涉及广阔的课题，从大哲学原理到针对企业家的非常实际的献计献策。

无论你是否是数字时代的原住民，你都会享受唤起这个英雄时代的故事。拓荒者热情洋溢、意志坚定地追溯自己的足迹，同时还爆发出一阵狂热。在这个领域，正如在许多其他领域一样，温故而知新，过往透露出通达现在的信息。

数字革命
已然发生

本书不是论技术的第 n 部作品。论人工智能、量子计算、机器人学、技术巨头或技术理论的大作车载斗量，现有、在制或将来的出版物难以计数。阅读并消化这些著作需要花费年月，有些几个月就过时，更多的著作朝生暮死。本书不预测或远或近的未来，未来学家已然众多，而未来则由我们众人创造。

另外，如果你想要了解今天的情况，想要捕捉明天是什么样子，你就需要手握解锁思维的钥匙——说不定它们还是敦促你行动的诱因。这样的钥匙就在你的眼前，它们就在等待知道如何看待未来的人。在过去的二十五年里，资深技术玩家已经准备好了这些钥匙。最近的时代掌握着解锁未来的钥匙。

数字革命已经结束，转折已经过去。我们被抛进了它的结果，其效应令人瞠目结舌，强制的加速把我们抛在后面。因此，我们失去了弄清短短二十五年间数字革命发生的一切所需要的时间。每一天，我们都默许数以百计的手指动作：每三分钟触摸／看智能手机一次……但许多手指动作含有看不见的后果，若有人向我们说明这些后果，我们会发现其中一些后果看上去是不可接受的。没有人告诉我们这些后果，相反我们被要求去顺应现代性，去消费越来越多流动性、相关性、语境性的服务。这就是所谓"用户经验"的魔术！我们只生活在一个复杂世界的表层，其驱动力是难以理解的、甚至更糟糕的了无趣味的机制。以个人电脑为例，20世纪90年代，首要的推销术还瞄准它真实的功能：非凡的强大机器，能执行无人能及的操作，胜人一筹，计算机为程序员服务；程序员则界定其操作，尤其是其功能。彼时，计算机是为我们学习和创新赋能的杠杆。但是今天它已经成为一种执行任务的工具或纯娱乐的工具。智能手机98%的计算力和显示功能都被当作电视机使用，被当作游戏板，我们用指尖滑动浏览图片……仿佛屏幕遮蔽了它的工具性能。手机里的一切都有记录，可以理解，可以操作[1]——几乎没有隐藏，没有专为新用户使用的说明。同时，鼓励我们对手机工作原理感到好奇的记录则荡然无存了。

如果你不懂九键输入法，如果你不懂你的孩子为什么对着横放在嘴巴前的智能手机说话（他们在发送"语音"），如果你不明白没有个人电脑时如何连接互联网，如果你周围没有人在盒式磁带和铅笔之间建立连接，我们这本书就是为你准备的。阅读完毕合上这本书时，我希望你已经掌握了理解"我们如何通达这里"的钥匙。同时，你已经发现了一个新的市场：只需看看我们的孩子你就能意识到，我们是连接昔日世界的最后一代人。数字革命已经结束，而我们还没有意识到这一点。数字革命的效应已有人广泛描绘和预测，但其根源却罕有人解释。针对数字革命发生的具体情况，已有的解释也寥寥无几，因为其"根源复杂"。此外，只有等到尘埃落定后，

---

1. 你不妨用渐进性封闭讨论这个概念，尤其用安全的名义讨论，因为手机里一些不见的访问逐渐被关闭了，硬件和软件都有涉及。

一场革命才能得到解释。如果历史的织物是在街垒上编织的，那也是在罹难者被计数、革命的喧嚣平息下来以后。此后，历史学家才能核查证据、确定事实，正确对待、写成历史。

然而，"数字世界"（digital world）[1]是没有记忆的。无论它是死是活，无论数据是流动的或积累的，诡异的是数字世界都没有记忆，几乎没有历史。因为过渡期离我们太近，变化太快。我们还能听见旧世界的崩裂声。数字世界罕有史学家为它立传——而未来学家这个行当却越来越前途渺茫。然而，即使短暂，这个急剧变革的时期自有它的悲剧、英雄、受害者、教训和老手。最终，迄今仍然无人讲述其故事，因为有时不小题大做反而更好，默认我们不懂的东西、堵塞对数字世界的访问反而更好一些。几年前，这个故事并不被视为时代的解释，反而被视为密谋的幻想，被人忽略，令人遗憾。如今，讲述这个故事至少是可能的了。[2]

因此，我们这本书是一本历史书。凡是深思"我们如何来到这里？"，凡是不甘心接受现成答案的人，凡是需要理解以便行动的人，都是本书的对象。这是一本故事书，证词和文章混合，通过我的亲身经历重温二十五年的岁月。我竭力引领你自己去拷问，去辨

---

1. 从这里开始，我们将把"digital"这个名词用作蹩脚的形容词"数字的"来指称一切数字技术，它们"驱动"我们的设备，生产、消费和操纵数据，执行多种计算操作。换句话说，1万个配有电子电路和一般网络连接的物体常常通过这个网络接入互联网，而互联网的定义就是万网之网。名词digital就等于形容词digital。"网络"看得见，能表现出来，但它只是深层互联网的冰山一角。

2. 持怀疑态度的读者会研究剑桥分析公司的案子，研究CNIL的教育学分析，会反思人脸识别的通论……

识非直觉可悟的原理，去深度把握数字经济的管理机制。对于想要把数字技术与自己的日常行为和选择结合起来的人，拥有重要机制和兴趣的清晰视野是必要条件，拥有运行原理和规律的憧憬必不可少，因为这些原理和规律并不是不言自明的。

因此，本书的目的是为你提供前瞻未来的历史视角，帮助你锚定在当下。领悟在当下浮现，选择在当下做出。长驱直入过去二十五年的历史，重新追溯其源流有一个前提。你曾经直面这个问题："我们面对一个富有挑战的课题时，为什么感到迷茫？"

进行代际差异的解释很诱人，那是把旧世界的支持者和数字时代的原住民对立起来，前者命中注定要被后者取代。对我而言，这样的解释似有不足，它把上一代人简略描述为"失落的一代"，并不能充分解释技术强加的质的变化和变化的节奏。十多年前，德里克·德克霍夫教授对这个人类学断代做了形式化的表述。在一张幻灯片上，他用可视化的方式把人类传播的加速表现出来。他用分代的方式推论技术进步[1]，而不是用年头的方式表示。如此，分代的时间长度就可以计量了，这很重要，因为相对需要处理的数量，我们计量的能力迅速减退。数字越大，它们对我们表示的意思就越少。虽然我们并非每天用数十、数百、数千这样的单位，它们仍然是我们熟悉的计算单位。在它们的边缘是海量的领域，我们可理解性的视野在十亿的边际。作为我们能把握、比较和操作的量级，十亿难以成为一个重要的、抽象的数量。作为大公司的经济核算单位，十亿用来衡量它们的营业

---

1. https://www.slideshare.net/new_media_days/connected-intelligence-1-presentation/2

额、利润或亏损，核算它们的投资和市值[1]。同样，大多数构架的经济参数的报道和评论也是用十亿为计量单位：2020 年公布的 GDP、公共赤字和经济刺激计划都是用这样的单位。最后，我们用十亿来计算我们在地球上的人口。超过十亿大关以后，计量就混沌一团、令人绝望：对少数大公司而言，万亿美元的市值意味着什么呢？这仅仅是旧世界的问题之一。这个可理解性的问题可回溯到现代计算的初期：为了计量无形过程的性能和能力，人们尝试使用具有可比性的首字母缩略词 mega（百万字节）、giga（千兆字节）、tera（太字节）、peta（拍字节）、exa（艾字节）……用上了英特尔计算机的 386、486 型号，奔腾一二三四代。电脑内的处理器目不能及，大脑难以理解，圣克拉拉公司不得不用"英特尔内"（Intel Inside）的标签来提醒人们注意其存在，让人们注意英特尔的"兔子人"（Bunny People），他们身着彩色套装手势夸张地在电视上做广告[2]。

德克霍夫用人类学断代方式表述人类交流技术的进步，这更有意义：语言是 1 700 代人之前发明的，文字是 300 代人之前发明的，印刷术经历了 35 代人，20 世纪见证了最后三代人时间里发生的一切。用这样的词语来表述，技术加速的意义终于人人能懂了。技术发展表述的变焦既是量化的（我们用熟悉而形象比方的效果更好），也是质性的。实际上，辈分对我们大多数人都是双重亲属关系的经验——与父母辈和孩子辈的关系，大多数情况是这样的双重关系。

1. 2019 年 1 月底，苹果的收益是每天 10 亿美元；2022 年 1 月初期，它的市值跨越了 3 万亿美元的大关。

2. https://www.youtube.com/watch?v=paU16B-bZEA

实际上，这种双重关系体验能同时存在若干年，即使并非三代同堂，至少也是三代人同存。通过故事、证词，以及时而围绕技术发展三个方面（过去更好 / 不见得好 / 不获允许就动手干）进行的热烈讨论，我们认识到，祖孙三代同时把一代人描绘为一段时长，又说成是一块看得见、弄得懂的空间。三代人密切交往互问，或热情、担心，或围绕一个技术突破争吵——这可以确保从游戏、行为和智慧三个角度去理解技术。经济行为体、公民社会和政治团体对技术的吸收确保技术在稳定的框架里传播。由此可见，谷登堡那一辈人未必懂他的发明所影响的范围。他本人有那样的直觉吗？

鉴于中国人自 9 世纪起就在用活字印刷，谷登堡的发明真的是创新发明吗？他之后的两代人大概反对印刷术。大约在谷登堡之后一百年，印刷术的好处才被所有人理解，才变得显而不隐。走向明显可见好处的过程大概经过了几代人，在此期间，两三代人伴随技术部署的发展在论辩。但是，革新节奏的加速约束了几代人的视野，使社会审视技术的能力受限。个人尺度上太快的变化甚至使集体的隐私和公共的空间感到困惑，因为集体和公共空间的性质决定，它们吸收和适应变革的能力要慢一些。那么关于构成政府的"集体的集体"，我们又能说什么呢？

一切都始于公众的反应。商界是首先使用个人电脑的地方，商界首先培育电脑用户。后来在手机革命之初，世界扮演了同样的角色，再后来手机的民主化才逆转了这个过程。到 2007 年，智能手机在雇员里普及以后，公司就失去了率先的角色，不再是使用数字技术的源头和环境，因而同时失去了对数字技术的控制。个人设备

（"带上自己的设备"）和影子信息技术[1]的专业使用抹掉了使用和工具的界线，个人和专业范围的界线也随之被抹掉了。

预期下一步成为可能，因为技术变革在一代人的时间里发生：同一代人里的深层突变接踵而至，尚未被消化技术的传播风险很高。被自己的孩子搞得迷失方向的父母在青春活力的现代主义里寻求庇护，平板电脑成为求得宁静的地方，成为靠"代码"求得未来救赎的希望。与此同时，孩子们辅导爷爷奶奶如何用平板电脑，他们懂得不多，却不厌其烦地向爷爷奶奶解释自己是如何学会的。

我们归纳一下：我们失落了。一切发生得太快。连语词也不能描绘我们面对的现实，我们不能与长辈或孩子分享我们的经验。不要紧，让我们忽略反思，跟随直觉！我们没有机会啊！一切不仅太快，而且不断加速！管束数字经济的规律多半以指数级增长，而我们则是线性的，无可救药……为了预测未来，我们需要一个方向、一段距离，还需要估计我们能走得多快。于是，我们三下五除二估算，得到大致的时长。我们计数脚步、计算粮草、估计供给，这一切都是线性运筹，因为运筹包含走直线，用图形表示：我们用恒常的速度推理。这样的线性刺激个人和集体的行为，见诸我们的词汇"步长时间"或"速度"，无论是说书写的规律或诗歌的节律。线性标记我们的贸易，其记账单位是恒定的会计单位（快奔式通胀除外）。不过，我们的利率在这里那里引发指数级的苗头，其效应在很长的时间才变得重要。话又说回来，

---

1. 影子信息技术（shadow IT）包括员工使用的任何未经批准的应用程序或硬件，这些应用程序或硬件不属于 IT 部门管理的范围。当现有软件或设备无法满足部门或员工的要求时，他们可能会在 IT 团队不知情的情况下选择替代解决方案。——译者注

这样的推理一般被认为是过分复杂，最好是留给银行家去处理吧。

线性（linearity）是最近发生的现象：书写只有几千年，大约 330 代人，再加上两千年的考古，线性是时间之箭和宗教文化的徐徐展开。然后，我们从一个循环世界里毕业，那是《永恒回归的神话》（*Myth of the Eternal Return*）的熔炉[1]，然后来到更好未来的预示，又到储蓄和借贷的发明。因此在这样的语境下，指数率（exponential laws）对我们来说很陌生：无论这指数率是摩尔定律或梅特卡夫定律[2]，只要速度不再是恒定的，我们必然会失落。你告诉别人水葫芦每天暴长一倍，第十天就覆盖整个池塘，你问他水葫芦哪一天覆盖半个池塘……更新近一些时候，更悲惨的是，新型冠状病毒的传播速度和范围被持续低估了，哪怕推迟一天防控措施都要付出代价，那样的误算提醒我们注意，我们对指数级处境的评估戏剧性地被扭曲了。抛物线或指数曲线对我们并不陌生，从时间的黎明期以来就不陌生。

传说公元前三千年，印度国王贝尔基（Belkib）向全国颁布敕令称，他对生活感到厌倦，恩准给能让他高兴的人大笔的赏赐。智者西萨（Sissa）敬献他自己发明的象棋，请国王在棋盘的第 1 个小格里放 1 粒麦子，在第 2 个小格里放 2 粒，第 3 个小格里放 4 粒，以此类推。廷臣忍不住讥笑他的幼稚，国王不假思索接受西萨的献礼。情况很糟糕，因为用这个方法填满棋盘起初似乎无害，后来却令人担忧，因为

---

1. 米尔恰·埃利亚德（Mircea Eliade，1907—1986），《永恒回归的神话》（*Mythe de L'éternel Retour*），Paris, Gallimard, 1949。

2. 英特尔公司创始人戈登·摩尔（Gordon Moore）指出，微处理器的性能每十八个月就翻倍。以太网的发明人罗伯特·梅特卡夫（Bob Metcalfe）假定，网络的使用价值与其节点数的平方成正比。

数量太大，不可思议。当然在第一列格子填满麦子是可以的，但到第二列时，数量已达到1 000粒，到第三列中段，数量已达100万。棋盘格子过半时，需要的麦粒已达20亿。若要填满棋盘的最后一格，所需的麦子将堆得像珠穆朗玛峰那么高，需要全世界五百年的产量。国王最终破产了。这里是指数级增长的第一课：达到给定的数量花费给定的时间，相同的数量稍后可达，只是有一个边际延宕。但耐心有极限！指数级增长的第二课是：棋盘的一半标志着进入不可计量的地域，数以十亿计，最后这个计量单位至今还在对我们说话：离开这个范围，让位给野蛮的首字母缩略词 peta（拍字节）、tera（太字节）、exa（艾字节），它们只有在餐桌上才看上去不错……雷·库兹韦尔[1]这个发明家，既聪明又疯狂，有一天他会说，我们进入了那个棋局的后半场。

比尔·盖茨用另一种方式处理指数的困难。他回忆说，任何指数趋势开始时都是一条高速的直线，越过了这条直线，它才全速向前。他说，我们不得不预测十年期的指数级现象的发展时，往往都系统性地高估前两年——两年的结果不如预期，尚需两年——同时却完全低估了十年期结尾时的结果。我们预期的十年结果提前两年至两年半就达成了。在日益技术化和指数化的世界上，我们是线性的存在物。连续两代人可见的空间缩小了很多。图书达到5 000万读者花了四百年，广播达到5 000万听众花了三十八年，电视达到5 000万收视者花了十三年，有线电视达到5 000万收视者花了十

---

1. 雷·库兹韦尔（Ray Kurzweil，1948—），美国科学家、未来学家，创建奇点大学，著有《奇点临近》（*The Singularity is Near*）、《奇点更近》（*The Singularity is Nearer*），预告人类永生。——译者注

年。互联网达到 5 000 万用户只花了五年，法国的互联网供应商瓦努阿图收获 100 万用户只花了四年，平板电脑收获 100 万用户只花了三年，脸书（Facebook）达成这一业绩只花了两年。《愤怒的小鸟》（*Angry Birds*）电子游戏在三十五天之内就被安装了 5 000 万次。

数字技术的特点之一是，它用数字测量定义功率、速度、传输和存储容量。这些量都是虚拟的，与物质支持脱钩，不可通约。以硬盘为例，其存储容量与其物质外表没有关系。说"存储容量"就很好，但无论数据量大小，都储存在数据存储的逻辑单位里，许多年间都装在一个 2.5 英寸 ×3.5 英寸的物体里。这些"硬盘"的物理格式二十年间没有大变，其存储容量却增加了大约 10 万倍：一定程度上，数字世界是"不可计量"的……我们继续说"盘子""碟子"，虽然储存已经在 SSD 内存芯片上执行了，这些芯片却绝不会像"盘子""碟子"那样转动。

什么东西不可通约？这个观念很难与个人经验联系。于是，我们被引导去操作没有意义的数量和概念[1]。使之可理解、可通约的办法之一是借用比方和可视化。

是时候了，我们应该进入历史。

---

1. 不可通约的困难不限于信息技术。只需看看电费单就会明白。你难以想象千瓦时的概念，唯一可理解的概念保留在税单里，税单用的是密写，有些是增值税，是"免税"税。

▶▶

尊重主权

1991 年 10 月，我在皇家海军"罗纳"号补给舰服役，任军需官。我们对古巴首都哈瓦那做了一次非正式访问。离开哈瓦那，我们随"雅各布"号向南行驶。突然，其舰长阿尔奎尔通过短程无线电链路给我打来电话问："你知道我们在地图上的哪一点吗？你想问我你的船体中央正沿着正确的航道前进吗？如果你想要，我可以把我的 GPS 定位告诉你，我们可以比较一下！"彼时的 GPS 定位器像一个小匣子，像初期的大哥大，几磅重，一般公众用得很少。首先是因为其价格，约 3 000 美元。其次是因为它尚未微型化，进不了智能手机或数码相机。最后是因为其 24 个卫星的定位系统属于美国政府，尚未完全投入运行。但是，船舰相距几百米行进时，在公海上很可能会彼此注意，值班船长还是会用 GPS 核对定位：准确度绰绰有余。阿尔奎尔舰长向我点点头，关麦，注意看我给他的定位，然后向舰员要自己的定位进行比较：两者重合，确认我的定位准确，我们的航路正确！

那天在古巴海岸线外使用 GPS 是为了确认定位，而不是要把战舰位置的计算托付给一个电子系统。尤其是因为 GPS 是外国生产和运行的，虽然那是"友好的"或"结盟"的国家……此外，GPS 的情况也是完全依赖任何电子系统的情况，即使那个电子系统是自动运行被带上船的。彼时的信条是，战舰要在"电磁闪光中"维持运行。因此，在沿海航行时我们能确定方位，在公海航行时我们能用六分仪和纸质星历定位。有人用计算器 / 计算机（当时的卡西欧品牌）的编程"骗人"，不过正规的功能还是仅限于验证……这个信条的意思是：确保自主，避免不可逆地依赖任何未掌握的技术或不可控制的技术。这个信条源于军队，但后来延伸到平民生活的全部领域，包括经济领域、政治领域甚至个人的生活情境。从效率上说，把任务或运行托付给一台机器或一个系统是完全合法的。但问题是因此而生的依赖以及或多或少的默许。

很长一段时间，这样的依赖都受到遏制（英国人会用"减轻"一词），行为者能"收回控制权"。驱动机器的运算符能理解机器的运行和维护。机器的"技能"成为"知道如何维护"。这就意味着，你要懂设备的维护，要懂运行的可逆性。这种维持控制和自主的关切导致的结果是，每个军队的学院要学会如何拆解和重装吉普车引擎，更不用说 20 世纪 40 年代比利时出品的《丁丁在苏联》[1] 了。严格地说，这正是军队采用某些技术缓慢的原因之一：既不是预算问题，也不是文化保守问题，而是担心能否在必要时控制技术并收回控制权的问题。数字革命挑战了这个信条，因为令人头晕目眩的威力和复杂性要求前所未有的交易方式。设备和武器本身成为日益密切关联的系统，其维护越来越由武装力量的供应商和分包商分担，

1.《丁丁在苏联》（*Tintin in the Land of the Soviets*），比利时漫画家乔治·勒米（Georges Remi）的漫画作品，世界著名作品，以探险发现为主，辅以科幻，倡导反战、和平和人道主义。——译者注

姑且不论委派给他们了。

但还有更多。我在关塔那摩海湾附近海域用 GPS 定位的故事才过去二十五年，GPS 就已经嵌入了一切需要定位的联网设备，用户的需要是在地图上给自己定位，或者是要把定位与内容比如照片联系起来。天线和计算机的微型化使 GPS 定位器在我们的手机里甚至主板上都看不见了，在其他零件和芯片里也难以找到它。如果说智能手机融入了大多数在用的接收器，这些接收器也见于智能腕表和新款的数字相机了。我们现在说的数以十亿计的芯片，其单位成本大约仅数十美分，价格完全取决于订货的数量，有时取决于电子配件产业令人迷惑的供应渠道及其主要的大玩家。GPS 芯片没有价格，因为它没有单位成本。

我们这里看到的是摩尔定律一个有趣的例证。该定律说："微处理器的计算力在常衡参数条件下翻倍。"这一驱力使我们的设备缩小、价格下降，降到起初难以想象的程度，同时其销售的数量则数以百万计，即使并非数以十亿计……GPS 接收器质量、体积和成本降低了，其功能却几乎常衡不变，真正的剧变！

我们现在准备了一个定位的工具——谁也不懂或不想懂其运行机制，任何地方都不传授它的运行机制。然而，它已然成为描绘今日地缘政治世界的许多构建要素之一。这个全球定位系统 1973 年由美国国防部启动，有 24 颗卫星，1995 年全面投入运行，2000 年比尔·克林顿政府决定向平民开放。五角大楼反对开放，认为那是美国的战略优势，而克林顿总统坚持开放。这个决定是运输和物流革命的开端。军方领先一步，握有专家定位精度（军事级）信号的版本。

反过来，我们要纠正一个常见的错觉。其实 GPS 卫星不定位你的设备，它们只是让你的设备定位自己，对 GPS 芯片计算的地理位置和时间信号进行转换的是你的 GPS 终端，你的终端将 GPS 的信号转换为你在地图上的位置，或者通过互联网把你的位置发送给第三方服务商……

更鲜为人知的是，今天常说的 GPS 实际上描绘的是几个导航系统，他们共存于常用接收机的芯片里。除了美国的导航卫星外，常用的 GPS 接收机能访问欧洲的伽利略导航系统，精度达到 1 米，10 亿部手机能用[1]；常用的 GPS 接收机还能访问俄罗斯的格洛纳斯（GLONASS）导航系统。其他国家也开发了自己的导航系统：日本的 QZSS，中国的北斗，印度的 IRNSS……因此，GPS 一词如今指的是许多大国发射和运营的六个卫星星座。对它们而言，投入数十亿欧元进行地理定位很重要，犹如主权。以伽利略导航系统为例，其投入的经费相当于欧盟人口人均 6 欧元。这个项目于 2003 年启动，屡次受到布鲁塞尔技术官僚和欧盟成员国的威胁，终于在 2016 年投入使用。它曾经受到美国科罗拉多州的施里弗空军基地关闭几个小时信号的威胁，那是意料之外的事，也是政治驱动的威胁，差点造成巨大而不可逆转的军用和民用混乱，回应这样的威胁耗去了十三年。毫无疑问，这是数字技术煽起的主权和霸权的第一个明显的迹象，是这个领域可能预料到的现象，弗雷德里克·菲卢（Frédéric

1. https://www.usegalileo.eu/accuracy matters/EN

第
一
章

尊
重
主
权

Filloux）在 2021 年 4 月的一篇博客做了很好的说明[1]。这正是俄国、日本、中国和意大利导航系统存在的真正原因……换句话说，获取导航能力是为了避免别人"关掉你家里的电灯"。这一切信息都是可以公开获取的：只要感兴趣看看手机的规格说明就足以了解这样的公开性。为了补足信息，我们应该接着说，Wi-Fi 和蜂窝地理定位补足了这些卫星设施，但最后这两种方法同时又让运营商"跟踪"你，而你自己却浑然不觉，除非理论上说你受到法律的保护。

GPS 并非源自军方研究然后推广到民用领域的唯一技术：在美国，国防高级研究计划署（Defense Advanced Research Projects Agency，DARPA）资助的几个项目，瞄准维持世界领先的技术优势。在美国的军事研发中，美国国防研究委员会（National Defense Research Committee）1940 年成立，随后成立的是美国科学研究和开发办公室（Office of Scientific Research and Development），以及 1958 年 2 月 7 日成立的美国高级研究计划局（Advanced Research Project Agency，ARPA）。美国高级研究计划局经艾森豪威尔总统签署成立，紧随苏联第一颗人造地球卫星成功发射而造成的心理创伤而组建。起初它专注空间技术，后来转移到美国国家航空和宇宙航行局（NASA）；它资助了一个卫星导航系统 GPS。ARPA 还为互联网的诞生做出了贡献，其阿帕网（ARPAnet）是美国第一个采用分组交换技术的网络，于 1969 年 9 月启动。起初它旨在集成连接，使计算机终端与远方的其他制造商的计算机连接；这个去中心化的网络揭示

1. https://www.episodiqu.es/p/bad-news-folks-la-souverainete-technologique

随机存取存储器：数字技术革命的故事

018

了网状网络拓扑结构的志趣：在一个网络节点故障的情况下，信息能走其他路径到达目的地。无疑，这样的恢复能力高于起初发明它的战略功能。换句话说，在美国大都会遭到核轰炸的情况下，它要使军民的治理继续运行。

20 世纪 60 年代初，美国高级研究计划局（ARPA）还资助了首批人工智能研究项目，包括马文·明斯基 [1] 的项目，70 年代又资助了若干确保美国空军优势的项目：隐身飞机、超音速飞机、无人机、电动飞行控制、矢量推力、平视显示（head-up display）……唯有最后这一项技术获得了"普通公众"的生涯，进入了汽车驾驶舱，成为高端汽车产业的专用品。但美国国防高级研究计划署的贡献并不止步于此。它资助和控制的开发项目还有互联网的关键技术（或先驱）、视频会议（"鼠标之父"道格拉斯·恩格尔巴特 /Douglas Engelbart 的非线性系统 NLS）、和阿斯电影地图相关的谷歌地图、与美国国防部高级研究规划局所公布的 CALO 计划相关的语音助手 Siri、Unix 操作系统，甚至包括在互联网上供匿名、极客用户用的浏览器。该计划署还大额资助波士顿动力公司开发的载荷四足机器人"大狗"（可负载重物或爆破物？）、跑得比人快的猎豹机器人（以便逃亡或追赶？）、用于研究或搜救的阿特拉斯机器人（其后空翻在网上广为流传）。我们再次看到，美国大学实验室的技术威力来自五角大楼的大批拨款……有趣的是，源于军方的有些研究实际上被

---

1. 马文·明斯基（1927—2016），"人工智能之父"和框架理论的创立者。1969 年获图灵奖，代表作有《情感机器》《心智社会》等。——译者注

用于传播，20 世纪 70 年代就被称为"宣传"。用上这一特殊意义的叙事，美国国防高级研究计划署不仅宣传其过往的历史，而且营造它目前的形象。它与大学和公司联手，提出开发研究的挑战：2004年和 2005 年完全自主行驶 200 千米的车辆，2007 年模拟都市环境里的自主驾驶，2012 年复杂环境里的人形机器人竞赛，2017 年地下环境里自主机器人的探索和研究，以及 2018 年的"发射挑战"项目的密集卫星发射。

由此可见，主权是围绕挑战而调动各种资源的问题。只要获取资源有保证，不掌握这些资源在大多数情况下是无害的。然而如果主权被理解为独立从事自己活动的能力，主权就变得清晰了。在小说《浩劫》（*Ravage*）里，雷内·巴贾维尔（René Barjavel）想象地球供电突然消失的后果。如今，在如此高度互联、高度依靠超级丰富的处理能力、摩尔定律使数理能力爆炸的情况下，我们的世界会遭遇什么后果呢？ 2021 年电子配件供应的危机使我们痛彻地意识到这样的后果。

除了筹款之外，危机情况下主要的局限就是人才。

本章思考题

总之……你呢？

有些民用数字技术曾有过军事生涯。它们服务的问题很少是小问题，这些问题有时有助于解释其设计或意图。

数字技术的扩张是指数级的，产生了深远的影响，其中一些或隐或显，成为无可替代的技术。

数字技术是安全的杠杆，像昔日的钢铁或如今的能源和石油一样。

你是政界人士，什么数字技术能确保我们这种国家的独立？

你是公司经理，你的业务所依托的什么技术可能会导致不可逆转的依赖关系？你如何预测并遏制这样的依赖？

你渴望在公司里肩负更大的责任，你的公司在这些问题上有什么盲点？你和公司信息总管（CIO）讨论过这个问题吗？

你是一位年轻的读者，你的第一部计算机是智能手机，你读这一章有什么发现吗？你想要在什么课题上学到更多的东西？

▶▶

第二章

—

对 IBM 撒谎

退役后回归平民生活，我决定在重返大学前这八个月去海外实习。1992年8月，我在纽约的通用信息公司（CGI/Compagnie Générale d'Informatique）上班，该公司当时名为SSII（Société de Services d'Ingénierie Informatique）[1]。1989年，我实习初遇这些公司时，大学提供的资助费还比较充裕，目的是要讨好那些在战略咨询和银行业之间择业时还犹豫的学生……

信息服务公司为没有名气的编程公司及其客户提供联系：或为公司的流程建模，或设置参数用"软件包"复制流程，或者反过来修改流程以适应软件包的局限，目的是确保软件出品人和用户的联系，尤其要制定和部署软件和用户的界面。这一绝招对甲骨文公司（Oracle）和思爱普公司（SAP）特别有效。顺便指出，信息技术公司是信息技术功能横向化的主要玩家，但它们失去了对其功能的数字控制。

在人力资源部主任让-卢克·菲吉亚特（Jean-Luc Figeat）异乎寻常的督导下，通用信息公司（CGI）寻找未来工程学院的毕业生，尤其网罗参加Spi-Dauphine帆船赛的学生团队，提供实习机会，

---

1. SSII的名字后来不用，被模糊不清的数字服务公司（Entreprise de Services Numériques）取代。法国人喜欢对不太理解的事物重新命名，有时这类诨名"肉商"，这个诨名有贬义。

让他们接触管理信息技术的秘密。如此，在华丽的九十年代，通用信息公司就成为行业里三大公司之一。在赞助了巴黎高等师范学院学生的首批团队之后，该公司的人力资源部给了我一个海外实习机会，安排我到它的北美办事处工作。我在其办公室里参加信息技术咨询的速成培训。

通用信息公司创建于1969年，比未来的管理咨询巨头Capgemini晚两年，比SEMA晚十七年。其四位创建人都是巴黎理工大学校友。罗伯特·马莱（Robert Mallet）管理公司，直到1993年被IBM挖走（通过收购）。在马莱的领导下，CGI开发了设计和执行管理信息系统的一种方法——CORIG，使之能推销工程合同，开发Pacbase软件工程工作坊。这成为公司的业务支柱，包括为客户提供运营许可证和支持。CGI在法国IT服务里排名第六，参与创建MERISE工作法，1976年在法国政府的鼓动下推出。MERISE是基于系统分析的方法框架，涵盖了信息系统的分析、设计和执行，其数据和流程建模有时很复杂。相当一部分工作是设计和预先记录，甚至是考虑第一行编程语言前的工作。今天看来，这似乎是难以理解的文化怪癖（设计多、编码少），其源头是彼时稀缺的计算资源——算力、内存、数据储存、编程能力都跟不上。一切都极端受限，都要求最优化。比如，阿波罗机载计算机（AGC出品）就是这样的情况：它率先使用集成电路，导航表、轨迹参数、程序和常数都储存在非易失性内存（non-volatile memory）的只读存储器（ROM）里。这一切编码还不到4万个词汇，重量仅仅30千克；其编程相当于350名工程师1 400年的工作量。指导这一工作的是当时最干练而谨慎的女将之一玛格丽特·汉密尔顿（Margaret Hamilton）。她是麻省理工学院仪器实验室软件工程部的主任，负责阿波罗飞船的软件。她提出许多超可靠实时系统的编程观念，在她负责的《阿波罗18号》电影编程中没有发现一个软件错误。但这一切都不能和五十年后的智能手机同日而语，今天手机的功能是AGC软件功能的10万倍到100万倍，依据你挑选比较的标准而定。如今的储存约束已有所减缓，因此而生的数据压缩和代码紧凑也令人印象深刻：1989年，麦金托什机器两个3.5英寸软盘的存量是1.4兆字节，可以容纳操作系统、一两个应用和由此生成的文件。从CD-ROM（只读光盘存储器）到DVD-ROM（数字只读光盘存储器）的切换几乎解除了一切制约，有利于界面和许多高品质形象、音频和视频文件与之相伴。20世纪80年代强势的优化约束形塑了一代程序人，他们只读写"文本"里的机器语言。他们容许最小量的节省去造成可能的和不可想象的差别。

管理约束不仅是技术问题，彼时已成为技术迁移问题，至今还在使一些信息总管头疼。今天的信息总管还不得不面对大量应用迅速过时的问题，由于资源、技能的缺乏，更准确地说是新旧架构之间转译能力的缺乏，如何管理迅速过时的大量应用程序的问题就非常复杂。这些程序问题浓缩成为一个词"遗产"，那是过时架构和语言（比如COBOL）令人尴尬的遗产，只要你不得不确保关键操作的连续性，只要过去的规章条例严格控制着你的操作，这个"遗产"就相当碍手碍脚。新入行的人就不得不忍受……至少头几年就放不开手脚。

1990年，这个遗产含三个数字360、三个字母IBM，并没有任何好转。这个系列的计算机是 20 世纪 60 年代设计的，它们带来很多革新，包括微程序设计，使单一的 360 架构成为可能；IBM 在 1965 年至 1978 年间营销的 14 种电脑，从性能最低到性能最高的型号都属同一个 360 架构。因此，一个型号设计的程序可通用于其他型号。主要的效应是性能的变化：所有的计算机都共享 360 操作系统。因此 IBM 可以骄傲地满足市场的需求，从科学计算到事物计算，所以 360 这个缩略语就描绘一个"万能的"系列。IBM 的 360 架构极其成功，连远方的苏联都予以复制；360 架构的项目离去之后，这个架构本身在美国的土地上留下来了。

吉恩·阿姆达尔（Gene Amdahl）离开 IBM，创建阿姆达尔公司，与 IBM 竞争。在 1965 年至 1978 年间，IBM 卖掉 14 000 个 360 系统，起初的售价是 200 万美元（租金是每月 4 万美元）。随后，IBM 开发了 370 架构和后续的系列，直到 21 世纪初的 Z 系列。系统 370 架构的故事历时五十多年，使 IBM 在这个断面上拥有实质上的垄断权，它仍然垄断 7 000 多家客户。鉴于过时语言和操作系统的技能短缺，这些客户难逃垄断。《技术》（Tech）也是基于印第安纳琼斯游戏的代码，经验丰富的考古人士专攻"数字罗塞塔计划"……因此 20 世纪 90 年代，370 架构替代 IBM 360 系统使问题非常复杂，以至于我们尝试推迟转型，即使那意味着让后继者自己照顾自己。一方面，新机器实在太过昂贵。另一方面，由于其复杂性，成本高出许多，技术迁移涉及整个系统，因此那就意味着在系统上运行的大多数管理软件不得不全盘重写。

这正是 1992 年纽约市雇员退休系统（NYCERS）面对的问题：

在通用信息公司（CGI）北美总部如何提高管理系统的生产率，包括"客户档案"的管理，同时又不必替代原来那个"怪物"？CGI中标，负责 NYCERS 系统的运行。根据 CGI 人力资源部主任让－卢克·菲吉亚特的建议，纽约总部首脑伯纳·莫里（Bernard Maury）让我实习，委派我负责这个项目。

CGI 总部紧邻美国电话电报公司（ATT）长线大楼——一个巨大的褐色盲塔的轮廓容易识别。丝黛拉·王（Stella Wang）的团队也在这里，其工作是给系统喂养来自用户和受益者数据的信息流，简单说就是"喂野兽"。1990 年，几乎所有抵达纽约市雇员退休系统的信息都是邮寄的：员工不得不手工准备录入过程，让 IBM 360 系统架构能执行，以确保这个退休系统的正常运行。数据录入由十多位华人操作，雇佣他们的原因是他们录入数据又快又准确。准确地录入非常重要，因为查找输入错误既缓慢又复杂，每次录入的结果都在打孔卡上，如有错误，整个输录必须重做。

纸上穿孔录入文字或指令不会追溯到歌曲《打孔人》（*Punchman of Lilacs*）这样的时代：编程已经是有三百年悠久历史的技艺。早在我们学会穿衣之前，这一技艺就被用于遮蔽人体了。在带子上和后来的卡片上，有孔无孔的存在可以代表储存起来稍后执行的信息。打孔的故事经历蜿蜒曲折的小径，始于衣装，经过音乐、游戏和人口统计直到最后的 IBM。

1725 年，巴斯勒·布乔（Basile Bouchon）在里昂改进了穿孔带，用于纺织机。后来，这种穿孔带被连串的穿孔卡片取代，穿孔带也能织出连串的图案。1801 年，约瑟夫·玛丽·雅卡尔（Joseph

Marie Jacquard）发明了可进行工业编程的机器。雅卡尔织布机用穿孔卡写的程序挑选经线，一人操作，无须拉直器。管风琴或自动钢琴是可编程机器的例子，更贴近公众，一路走到金属音筒演奏的音乐盒，发明者是雅克·沃坎松（Jacques de Vaucanson）。他还发明了许多自动机，包括以他名字命名的机械鸭子。雅卡尔提花机的顺序执行原理给阿达·洛芙莱斯[1]启示，她设计了有条件循环的第一种算法，是世界上第一个程序设计师。20 世纪 80 年代，她的名字阿达被用来命名一种程序语言。1843 年，她的第一件作品基于她翻译的查尔斯·巴贝奇[2]的一篇文章，她在五个月内完成了巴贝奇分析机概念的算法。巴贝奇是现代计算机的先驱。他在有生之年没有制造出分析机的实物，1908 年由他的儿子在皇家学会演示了分析机的设计构想。打孔卡的格式也经历了一段时间的演变。1884 年，赫尔曼·何乐礼[3]获得了打孔卡制表机的专利。打孔卡有 6x12 厘米大，有 210 孔，据说尺寸与彼时的一美元相当，可重复使用。1896 年，他创建制表机公司，为 IBM 的前身。1928 年，IBM 发明 80 列的穿孔卡，并获得专利。年长的读者可能知道这一打卡机。

打孔卡格式的演变还涉及代码，打孔要转换为字符，字符要表示不同的字母或指令集。代码本身的历史像不停的钟摆，在用专利保护

---

1. 阿达·洛芙莱斯（Ada Lovelace，1815—1852），英国数学家，大诗人拜伦女儿，早夭，世界上第一位程序编写人，影响至今。——译者注
2. 查尔斯·巴贝奇（Charles Babbage，1791—1871），英国数学家、发明家，计算机先驱，发明"差分机"和"分析机"。——译者注
3. 赫尔曼·何乐礼（Herman Hollerith，1860—1929），美国统计学家、发明家，把打孔制表机用于美国的人口调查，为穿孔卡计算机的发展奠定了基础。——译者注

代码（用上了何乐礼的代码）和用标准化寻求互操作性之间摇摆；20世纪 30 年代设于日内瓦的国际电话电报咨询委员会就寻求标准化。

纽约市雇员退休系统采用的 IBM 360 在输入输出上几乎没有变化：继续用成堆的卡片指令和数据来获取信息。这些指令和数据由专职操作员敲键盘输录。另一些操作员重新录入这些卡片以核查信息。正常的录入率是每秒三张卡。每个字符 8 比特编码，书写的速度是 32 比特／秒。阅读过程自动化，每分钟能处理 400 到 1 000 张卡。数据录入率是每秒 500 到 1 000 字符、4 到 10 000 比特。相比而言，当今最快的磁盘用固态存储器（SSD）的效率要高出千万倍。只要定义恰当，数据这种"21 世纪石油"从一个系统到另一个系统的流动是很快的，这很容易想象；局限仅存在于人与机器的界面"书写"或"阅读"中。人类能用语言的编码信息以口头或书写的方式传递思想。一分钟之内，我们能说出 100 到 250 个词，能用键盘生成 2 到 40 个词，用手指头录入 59 到 95 个词，同步字母的打字人能录入 100 到 150 个词（在过去的一百三十年间，女人在这个印刷术变异的领域胜过了男人）。

我们口头传输信息比书写传递快 7 倍，姑且不论用音调和说话传递的信息。大自然缔造得很好，因为我们在快速阅读中每分钟能理解 300 个词。但低速搜集理念和思想的瓶颈一直维持下来，这转化为一个普遍的平均值：在任何语言里，每秒钟信息传播的速率都是 39 比特／秒。

如何克服这些局限呢？目前，人工智能使我们能识别说话者，部分修正其情感（非语言）语境，转注文本，解读有限数量的网购用的语音指令……我们将不得不回到制图版去得到更多的东西：这是埃隆·马斯克的脑机接口项目的雄心之一，这是脑机的直接界面。早在 20 世纪 60 年代，在《人机共生》[1]一文里，约瑟夫·利克莱德[2]就说："希望在于，几年之内人脑和计算机就会非常紧密地耦合，由此而生的伙伴关系将不同于人脑的思考，其处理数据的方式不再近似我们今天所知的信息处理机。"

然而，思维的直接解码是我们大多数人"在脑子里"对语词解码形成思想的过程，和我们用于阅读的过程一样。即使最新的人工智能成就使我们能实时用皮层脑电图解码人类所谓，而且将错误率减少到 3%，但在一段时间内，我们还是会遭遇到 39 比特 / 秒的局限……

顺便指出，这一局限可能正是把信息输入转移给用户的原因之一，相互参照生成的关联性功能就是检查错误。既然捕捉用户信息既花钱又缓慢，我们不妨让用户自己去做这样的工作……

我们继续讲故事。1992 年 3 月，有些政府和大公司有了集中式的计算机系统，用的是 IBM 360 系统，因其输入 / 输出受局限，其人工操作的输入方式更使其受限。这些机构没有替换自己系统的手段，纸板打孔卡使阅读速度相对加快，却不解决所有问题。约在彼时出现的微电脑，用的是 IBM 的架构，IBM 既是微电脑的助长者又是其推广者。不过，其他公司也从微电脑的兼容性获益；大多

1.《人机共生》(*Man-Computer Symbiosis*)，见 https://groups.csail.mit.edu/medg/people/psz/Licklider.html。

2. 约瑟夫·利克莱德（J. C. R. Licklider，1915—1990），美国心理学家、计算机科学家，互联网先驱，提出"人机共生"等概念，其传记名为《梦想机器》。——译者注

数"兼容性"机器的制造商获益，西雅图的软件发行商也获益；微电脑的成功几乎可以确保 IBM 架构的垄断地位。虽然这些微电脑仍然使用键盘和屏幕的用户界面，它们的储存已经进步：一方面是硬盘的民主化，另一方面是软盘的便携化，微电脑的储存比卡片和磁带更容易，而且比录音带的储存更密集。最重要的是，微电脑催生了机器新型串行和网络的接口。硬盘的民主化使电脑与外部硬盘和打印机连接；软盘的便携化使微电脑能组网，而且能与其他系统连接。如此，局域网就应运而生了。

20 世纪 80 年代末，物理界面、电缆格式和连接协议还是一片丛莽；多样化动物寓言的分类包含着许多重载的首字母缩略词、不可翻译的法语表达，我特别喜欢"令牌环形网"（the token ring）。这些错综复杂的表达被搜集起来，编成几百页篇幅的集子，多米尼克·布尔特斯（Dominique Bultez）1993 年编辑的《苹果与通信用语手册》（*Apple and communications, Reference Guide*）就很能说明问题。在这样的语境下，巴黎高等师范学校原先的医务室（infirmary）改装为"信息部"（informary），博士生可以来这里用麦金托什机编辑自己的论文，计算机通过 AppleTalk 网络协议与 LaserWriter 激光打印机连接……

此间，以太网（Ethernet）浮现出来。以太网是计算机局域网，电缆类型，插头格式，用 RJ45 英寸网络插头和通信协议。1973 年，鲍勃·梅特卡夫[1] 在施乐公司帕洛阿尔托研究中心发明以太网，这

---

1. 鲍勃·梅特卡夫（Bob Metcalfe, 1946— ），美国计算机科学家，2003 年图灵奖得主，发明以太网，提出梅特卡夫定律。——译者注

也许是计算机历史上寿命最长的插头格式。从黑色和绿色的 CRT 到高清晰度的触摸屏，从键盘到触摸栏，从软盘到 U 盘和内存卡格式，从带手柄的笔记本电脑到平板电脑，所有的物理格式都发生了深刻的变化，但以太网电缆并没有改变，只是其电线的屏蔽和质量演化而已，数据传输速度却急剧增加。因此，以太网电缆仍然是数据中心里互连服务器的主要方式。与此同时，插头因为其粗大正在慢慢退出计算机，被 U 盘和 Wi-Fi 连接取代。2013 年，我在 USI 用餐，紧邻鲍勃·梅特卡夫就座。这位小个子的谦谦君子对我坦诚相告，他从未想到，他贡献的格式和协议竟然会如此长寿，能维持这样的高速增长。他还提出第二种经验"指数"率："网络价值随其节点的平方数而增加。"理解这条定律的办法是想象第一台远程复印机即传真机：第二台传真机的购买人为第一台的购买人提供了服务，否则第一台机器就没有用途。

由上可见，容许我们对 IBM 撒谎的三大主角之二已然登场：接入局域网的微电脑。唯一不见的是软件程序。对 IBM 撒谎的意思是，在不改变数据录入 IBM360 中央处理器的情况下改进数据录入。换句话说，就是在记载的穿孔卡片阅读机的背后直接连接，继续假装在传输阅读机处理的结果。对 IBM 撒谎意味着在微电脑上完成所有的数据录入和验证，更灵活地分布任务，然后用机器语言组合所有的数据，生成同样性质的数据流，仿佛它直接从穿孔卡片阅读机流出。因此，对 IBM 撒谎含有这样的意思：用主机外低成本的算力增加智能的转移，使多种联网的微电脑的理解成为可能。这一思想有望持续，就是说，摩尔定律对我们有利：采用 IBM360 架构三年以后，有可能用原价格的一部分金额更换微电脑，或者使其算力增加三倍，却不必更换 IBM360 系统，因为替换系统还是代价不菲的。纽约市雇员退休系统项目要安装六台戴尔个人电脑的网络，用上了对 IBM 撒谎的第三个元素：用南方计算机系统密钥输入 III（Key Entry III）的软件。它允许输入表单类型和内容的设置，控制输入字段的性质，制作一切内容的明细表。处理完毕，它用恰当的格式生成数据流，其巧妙的手法不引起怀疑。数据输入过程本身不让智能介入，不必有另一个操作者校对。它还使表单类型达到一致性成为可能，使预先填充某些字段成为可能。从理论上看，这个操作是很明显的：因消除冗余和重复任务而提高生产力，避免在快要过时的 IBM360 系统上大量进行没必要的、不惜一切代价的投资，因此在边缘设备中利用摩尔定律，由于个人电脑通过标准布线在网络里运行的固有能力，撬动了 IBM360 系统。剩下的工作就是管理变化。对 IBM 撒谎就是给新娘梳妆：给 360 输入数据，仿佛来自打孔卡，改变了丝黛拉·王团队的手工操作员的方法和工具，并进而解释新方法对她们有利，跟踪条件更令人愉快；在现代键盘上输入，屏幕容许表格的立即重读，或某些字节的自我矫正。但丝黛拉·王及其团队根本就不喜欢，夺走她们的键盘本身就是撕裂，她们的手指头以惊人的速度在键盘上飞舞、触摸符号、维持速度。突然叫她们在数据输入的同时看屏幕以检查自己的疏忽本身就是预谋的罪过，因为有些条目被软件屏蔽，甚至被机器预先填充。最后，要求她们搁置自己的首要技能——那对他们有益——很快捷地输入数千米长的表格，极端可靠、极端一致，这样的结果不应该很清楚的吗？但那对她们太过分了。项目经理不得不给新娘梳妆。毕竟丝黛拉·王及其团队多年玩 32 比特 / 秒的输入，那只是略低于语音输入的速度，凡是做过播客的人都知道，语音输入是极端缺乏一致性的……

IBM 用 360 架构发明了集中式计算，然后用个人电脑发明了延伸 360 架构生命的工具，又引进其平顺的消亡。最后，IBM 将其 PC 部卖给中国的联想，退出了微电脑业务。一定程度上，IBM 处在最优的文化地位，它从内部看到算力在网络转变中积累的突变。通过摩尔定律，小终端大量被采用并接入互联网，算力就在系统的"表面"增加；小终端更新的频率比中央系统高的时候，算力的增加尤其快速。

数亿计算机、数十亿手机、数百亿连接的客体——这些数量级的级联变化（cascading changes）引导 IBM 前进，使之制定了一份 20 页的白皮书《设备民主》[1]。白皮书预测，实物交易必然走向网络的表面。由于去集中化成为定律、集中化是例外，那就必须确保系统的健全。确保在去集中化条件下的交易有效而安全也是必需的：设备民主必然生成 IBM 的区块链研究，它发布了开放源码的超分类账协议和工具……

1992 年 3 月那天晚上，我在纽约长岛的查姆利酒吧时心里想，当一切都说出了干好了之后，谁也不能对 IBM 撒谎了。

1.《设备民主，拯救物联网的未来》（*Device democracy, Saving the future of the Internet of Things*），IBM 商务价值研究院（Institute for Business Value），July 2015。

本章思考题

总之……你呢？

编程是三个世纪前用织布机时发明的。

互联网的到来是一场革命，与微电脑同时。

摩尔定律使大型系统的外围享有特权，对大型系统不利，由于联网的作用，大型系统可能被外部因素取代。

梅特卡夫定律体现网络价值的指数性质，梅特卡夫定律是五十年前在以太网标准到来时确立的。

你是政界人士，在你的任期内，信息技术过时的程度如何？

你是商界领袖，你对驱动你运营的基础设施和系统有何了解？知道何时从一个系统向另一个系统迁移很重要，至少在财务上和迁移本身同样重要，你是否与你的信息技术部门分享这样的判断？

你渴望在公司里肩负更大的责任，而你又知道系统临近过时的时候，其维护成本迅速增加，对总体生产率构成越来越大的压力。鉴于纽约市雇员退休系统（NYCERS）的案例，你如何预测员工的文化抗拒，有效考虑系统操作员的需求和才能？

你是一位年轻的读者，而你的第一部计算机是智能手机，你觉得你跟它说话太快了吗？机器不懂你的意思时你的感觉如何？你愿意去适应它吗？如果是，你如何去适应它呢？

第三章

—

调制解调器
之歌

1993 年 10 月 14 日，巴罗街 46 号，巴黎电信工程学院校园，二楼。

我深吸一口气，推开教室门，里面坐着一位女强人。一股权威的气息在室内盘旋。八个月的海外公司实习是法国电信公司第二年即最后一年课程的一部分 [1]。对目标瞄准美国的学员而言，法国电信北美总部的纽约市办事处是"该去的地方"，去那里的芝麻开门希望就像一个代码名：MMS。这是玛丽 – 莫尼克·斯特克尔（Marie-Monique Steckel）名字的"代码"。身为一位纽约律师的妻子，她有铁一般的权威、精明的政治意识。1979 年，她开办法国电信北美总部，任主任；彼时的美国占世界电信市场的一半。她的铁腕统治无人挑战。她喜欢每年回巴黎招人，挑选法国电信的实习生，让其加盟她的办事处，办事处设在第六大道无线电音乐城的第 21 楼。

"购物仪式"很简单：MMS 来巴黎招人前的几个星期，接收"候选人"递交简历。少数被选中的人去巴罗街面试，一个个进去，就像电影镜头：西装笔挺，手提书包等待。进去时脚步不稳，掩饰微微的震颤。离开时表情各异：宽慰，沮丧，从未得到安抚。这

---

1. 法国电信公司（Telecom Corps）1967 年建立，这家大型的国有企业在 2009 年与法国矿业团（Corps des Mines）合并。

是一个决定性的时刻。"前辈"用近乎神话的语气告诉应试的新人："MMS 面试"有三条简单的规则：回答一切问题，有疑问时立即住嘴，绝不说"不"。违规是绝对不可能被允许发生的，她的任何裁决都是终局。传说证明了希望破灭的瞬间。凡是偏离三条原理之一者都被认为是有反骨的人：MMS 的统治是不容争议的。我的简历来到那堆求职申请书，纯属偶然，被误投了。我应招来面试，等待那场"购物仪式"。我已在纽约生活工作一段时间，我的眼睛盯着的是美国西部，就像《丁丁在苏联》（*Tintin comic series*）的漫画人物向日葵（双关语，向日葵人见人爱却又经常走神）。尽管有人告诫，我还是来面试，并准备婉拒。刚一进屋，我就要面对那令人恐惧的问题："告诉我你的情况！"我还没有说完第二句话，她的裁决就拍案落定："好的，你被录取了！"我犹像片刻，不由自主地说："谢谢您，当然，我对美国感兴趣，但我喜欢到西海岸……"几秒钟时间，我准备被她全灭，却见她莞尔一笑，第二次裁决："好主意，我会帮助你。我们很快再谈。"走出面试屋时，我默默数着手脚、骨骼和神经。室外的下一个候选人看见我不像他那样战栗，感到非常吃惊。我要去硅谷啦！

MMS 把我托付给让 - 雅克·达姆拉米安（Jean-Jacques Damlamian/JJD）麾下的一位强势人物[1]。达姆拉米安有无与伦比的好奇心和直觉，这位声如洪钟的巨人亲历并指挥了法国电信的重大变革，招募

---

1. 让 - 雅克·达姆拉米安（Jean-Jacques Damlamian）1992 年 11 月底去世，这位法国电信工程师是公司国际化运营的设计师，他坚定不移地提倡向互联网和法国 Wanadoo 网迁移。

随机存取存储器：数字技术革命的故事

并培训整整一代经理人，很早就拥抱所谓的"多媒体革命"。彼时的他是法国电信商务部总裁，但他出彩的权威延伸到集团的一切商务和地理布局。虽然他这个运营人不常住硅谷，但他的线路租赁业务在美国全国都很活跃，通过纽约市的总部进行管理，并在其他地方包括旧金山设有办事处。法国电信和德国电信一道，在美国无线运营商 Sprint 参股。他还着眼于婴幼期的美国通信技术市场：美国计算机服务公司（Compuserve）和美国在线（America Online/AOL），它们只有一种模式：包月的捆绑服务。

彼时的法国电信还享受着法国国家网络 Minitel 强大的红利，受益于服务平台的力度，预示着超前的应用商店：1995 年 10 亿欧元的收入，相当于法国报业收入和广播业收入的两倍。1991 年，达姆拉米安开办了在 Minitel 的美国分公司，与 USWest 共同投资 8 000 万美元在明尼苏达州及其首府圣保罗运营，又与西南贝尔公司合作经营类似的 USVideotel 业务，准备在加利福尼亚州办实验室。如此，他在丹佛市和旧金山储备了数以万计的终端，等待上市和连通，但和什么网络连通呢？

今天的许多国家仍然管束着电信运营商和互联网服务供应商之间的关系，两者的权力平衡是美国两家私营公司三十年战争受到联邦监管连续裁决的结果。战场是电信业和计算机服务产业，武器库是竞争法的武器库，其后果是监管。交战的结果形塑了今天所谓 ICT（信息与通信技术）的风景，产生了难以预测且持久的影响。

在大西洋彼岸，创业和创新的自由转化为新的服务，用户愿意为这些新服务付费。创新的目标不是不惜任何代价降低现有服务业的价格，也不是鼓励蛊惑人心的消费主义！相反，在欧洲公共电话业仍处在邮政业的阴影下——即使不是其紧身衣束缚下——发展。这件紧身衣就是 PTT（邮政、电报和电话）。在美国，一家私营企业部署的紧身衣就是 AT&T（美国电话电报公司），其雇员达 100 多万。通过收购地方运营商，它逐步聚合了统一营建、维护和运营一个基本的、不可复制的基础设施。诡异的是，接手担任 AT&T 总裁的正是前美国邮政服务局局长西奥多·维尔（Theodore Vail）。他用一句话表述电话网天然垄断的正当性："一个政策，一个系统，普世服务。"

计算机产业日益增长的通信需求不满意 AT&T 的长途电话高价；AT&T 通过交叉补贴月租费来增大其固定电话用户基数。后来，由于微波通信技术的到来，长途电话成本急剧下降，专攻私人设施互连的运营商层出不穷。其领头企业美国世界通信公司（MCI）的连接很快被 AT&T 拒绝，MCI 遂提起诉讼。1974 年，美国司法部启动了一项行动。十年诉讼结束，AT&T 于 1984 年被拆分：一个双方同意的判决；AT&T 避免了开庭审理，提议与其地方电话业务剥离。由此生成七个地区性的贝尔运营公司（RBOC），即所谓的"小贝尔"（Baby Bells）[1]。这些小贝尔也受监管，有义务与其他长途运营

---

1. 截至 1984 年 1 月，这七个小贝尔是：（1）纽约电信（NYNEX），1996 年被大西洋贝尔收购，现在是威讯（Verizon Communications）的一部分；（2）太平洋电信（Pacific Telesis），1997 年被西南贝尔（SBC）收购，如今是美国贝尔（ATT）的一部分；（3）美瑞泰克科技（Ameritech），1999 年被西南贝尔（SBC）收购，如今是美国贝尔（ATT）的一部分；（4）大西洋贝尔（Bell Atlantic），2000 年与通用电话电子（GTE）合并组建威讯公司；（5）西南贝尔（SBC/Southwestern Bell Corporation），1995 年更名为 SBC Communications，2005 年被美国贝尔（ATT）收购；（6）南方贝尔（BellSouth），2006 年回归美国贝尔（ATT）；（7）美国西部（US West），2005 年被奎斯特（Qwest）收购，奎斯特又于 2011 年被世纪连通公司（CenturyLink）收购。

商包括以前的母公司 AT&T 连接，还要与美国世界通信公司（MCI）连接：贝尔被拆分的一切都是通过 MCI 的诉讼发生的。最后，这个"油水多"的市场的开放令人垂涎，第三个玩家美国无线运营商 Sprint 参战。小贝尔公司长话网络用户的相互关联通过网络接入费而获得报酬，每次与本地用户通话都有报酬。因此，小贝尔公司维持了本地通信的垄断，也维持了本地网络部署和维护的垄断。这两种垄断高成本、固定成本的活动——由于电话网尤其乡间网的毛细管现象——过去是由 AT&T 长途电话的合并利润率提供资金的。如今，它们由长途用户的接入费提供资金，而小贝尔所获的接入费根据每分钟计费，由于竞争激烈，接入费不断减少。因此，贝尔拆分时双方接受的同意令把本地回路和长途电话的价格颠倒过来；本地运营商的边际结构也被颠倒过来，它们不得不改变自己的视野模式，用户的月租价要高于通货膨胀。本地电话仍然免费，因为它们通过长途电话的接入费得到补偿。这样的价格变动使在线服务提供商有所发展，它们部署本地存在点，用户打电话免费，用调制解调器的数据连接也免费。宽带服务免费稍后也来了[1]。

贝尔被分拆十二年之后，1996 年的通信法案放松了对小贝尔公司的监管，让它们进入邻接的市场，赋予其更大自由的资金流动。与此同时，我们欧洲的监管者也在为欧洲市场的分割做准备，跨大

---

1. 美国联邦通信委员会（FCC/Federal Communications Commission）是美国电信的监管机构。其监管多次受到互联网服务商的挑战，ADSL（非对称数字用户线路）尤其是挑战，因为它们与国内电话线相互连接，起初被当作"长途电话"网络。

西洋的大钟摆向随即发生。贝尔电话电报公司回归地方通信市场[1]，在一个可以验证的肥皂剧的末尾，它被小贝尔之一的西南贝尔收购，西南贝尔更名为 SBC 通信公司。1997 年，SBC 通信公司以 165 亿美元收购太平洋通信公司，又以 610 亿美元收购美瑞泰克科技公司（Ameritech），成为北美最大的电话公司，最后又收购它以前的母旗舰公司，于 2005 年接过并重新启用其老品牌名号 AT&T（美国电话电报公司）。

这个俄狄浦斯式传奇故事的结局是：2007 年 1 月，恢复名号的 AT&T 以 860 亿美元接管南方贝尔。由于监管者的恩赐，刚过二十年，7 家小贝尔中的 5 家重新聚焦业务，并在此过程中收购了其母公司。在美国东海岸，大西洋贝尔和纽约电话公司（Nynex）于 1997 年合并（合营费 610 亿美元），然后与独立运营商贝尔系统（Bell System）合并。2000 年 1 月 13 日，大西洋贝尔和通用电话电子（GTE）合并组建威讯（Verizon Communications，合营费 700 亿美元）。小贝尔长大了，经过一个循环之后，从以前的贝尔系统冒出了两个运营商。亚历山大·格拉汉姆·贝尔（Alexander Graham Bell）在棺材里翻了几个跟斗，但他的名字镌刻在 AT&T 的品牌里，美国电话电报公司小心翼翼地保留着他的名字，防止他人觊觎。

在长途电话市场的二十年间，美国世界通信公司（MCI）于 1997 年被世通公司（WorldCom）以 370 亿美元收购。WorldCom 随即想用 129 亿美元收购 Sprint，竞争管理机构反对。2002 年，由于

1.通过收购有线网络以便服务多元化。

大规模会计舞弊，WorldCom 破产；舞弊被揭露的次日，其股价下跌了 76%。世界通信公司的审计师与安然公司相同，破产后更名为 MCI（美国世界通信公司）；2004 年 MCI 被威讯收购。长途电话市场只剩下 Sprint 一家公司。总部在堪萨斯城的这家运营商成为北美第四大移动通信运营商。2004 年，Sprint 与 Nextel 合并成为 Sprint Nextel，2013 年 Sprint 被日本软银收购。从 2014 年起，Sprint 与德国通信的子公司 T–Mobile 商讨合并事宜，这一出 260 亿美元的肥皂剧上演了六年，于 2020 年 4 月初剧终。两家公司及其不兼容网络技术架构的整合又规划了三年。

Sprint 与 T–Mobile 的合并是这个俄狄浦斯式传奇故事唯一涉及外国运营商的情节。第一次合并的尝试调动了德国电信，从 1993 年起，德国电信就是法国电信的合伙人，它握有 Sprint 公司 10% 的股份。德国电信与法国电信的全球一体（GlobalOne）整合项目三年后失败。德国电信遂独自回归北美市场，2001 年用 240 亿美元收购了语音流（VoiceStream）。

最终的结果是，1984 年美国联邦通信委员会的市场规划重塑了市场风景，然后又回归老样子，唯两个细节除外。首先，每一个主角都更强大了，从每一次收购就可以看出来。欧洲困在肥皂剧的第一幕，复制其国家历史性垄断企业的分割时，既小心翼翼，又拖拖拉拉，组织数十个玩家分享国内市场。其次，本地回路的维护和定价生成了消费者的互联网访问。

这种拆分的后果之一常被人忽视了。倘若 AT&T 保住了长途电话运营，它应该还能够保住其研发实验室（贝尔实验室）以及装备制造活动。再者，1984 年一个电信竞争者启动的同意令（Consent Decree）解除了二十八年前的另一个禁令：1956 年 AT&T 首次被攻击，被指控在另一个市场反竞争，指控方是另一个玩家，围绕的是另一个小玩意。那个市场是计算机服务，被告是该市场历史性的领袖 IBM，使这场竞争具体化的对象是晶体管。

自 1914 年起，AT&T 就垄断通信业，它根据纵向集成（vertical integration）模型建设，从电话服务（本地与长途）到子公司西部电气的设备制造：实际上，西部电气自 1881 年起就 100% 拥有自己的设备制造业。为预防反托拉斯指控，西部电气 1925 年采取的第一个措施就是剥离了一些活动，但它维持了全能的姿态，与母公司 AT&T 平起平坐；它拥有世界上最大的实验室——贝尔实验室。这是一个传奇式的机构，我们把信息论、硒电池、激光、UNIX 操作系统甚至我们数码相机的 CCD 传感器等都归功于它。1947 年 12 月 23 日，在贝尔的半导体研究实验室里，约翰·巴丁（John Bardeen），沃尔特·布拉顿（Walter Brattain）和威廉·肖克利（William Shockley）发现了晶体管效应，他们因此而获得 1956 年诺贝尔物理学奖。实验室之间的竞争如火如荼：许多人研究管式放大器，因为放大器体积太大、容易破损。不同的进路——点接触、结合点、场效应——相关的不同专利和不同的物理学家都在竞争，包括两位德国物理学家在法国研制三极管的竞争。贝尔实验室内部的竞争也很激烈，肖克利是分裂型人格，喜欢单干，他专注双极晶体管的研发和专利：该晶体管的发明于 1951 年 7 月 4 日被公开。1956 年，肖克利离开贝尔实验室，前往帕洛阿托，创办他自己的半导体实验室。因个人的管理方法与公司内部不合，在 1956 年获得诺贝尔物理学奖后，感到沮丧的 8 位同事离开他去创办自己的设计室"仙童半导体"（Fairchild Semiconductor）——硅谷诞生。

贝尔实验室发现并掌握了晶体管，这就为西部电气及其母公司 AT&T 开启了新生，打开了竞争性计算机产业的大门。其历史性决策人很快就表达了自己的担心：如果 AT&T 通过西部电器进入计算机市场的话，AT&T 被监管的电信垄断所释放出来的边际效应将赋予它极大的竞争优势。反对派组织计算机产业的代表提起控诉，美国司法部于 1949 年启动反托拉斯诉讼，以迫使 AT&T 剥离其电信设备制造业的运营。

经过七年的诉讼程序，反托拉斯诉讼于 1956 年以双方和解（同意令）告终，AT&T 避免了司法部反托拉斯局的诉讼。这个调解协议将 AT&T 的运营压缩到电信服务，事实上禁止其子公司西部电气销售计算机设备，又禁止其母公司销售数据处理服务——直接销售不允许，通过其子公司销售也不允许。AT&T 被迫向所有人开放其专利组合，并且在极其合理的许可费条件下开放贝尔实验室 1948 年提交的专利。

就其本身而言，IBM 在设计上一直维持着技术独立。总部在纽约州阿蒙克市的国际商业机器公司（International Business Machines Corporation/ IBM）开发的专利组合被用来建立与其他技术公司的交叉许可协议。IBM 的梦想之一是获取芯片和硬件的独立。正是由于这个原因，这位蓝色巨人早在 1948 年就牵头抵制 AT&T。1956 年的"同意令"对 IBM 有利，因为它有利于强化 IBM 硬件制造商和服务供应商的组合角色，使之有机会加速在微处理器领域的工作。

　　AT&T 不能染指计算机，这一直是它的痛点：让机器相互连接、提供数据处理服务是电信服务向外延伸的逻辑多元化。1974 年的反托拉斯诉讼导向十年后的第二个同意令和 AT&T 的拆分，这场诉讼是可以充分理解的。这个同意令的主要关切是 AT&T 的网络垄断，造成计算机互联的成本更高，访问计算机的费用也更高。这个同意令还瞄准西部电气事实上的垄断：美国司法部的初始目标是拆解 AT&T 这个运营商与其设备制造商子公司的关系。为避免在滥用主导地位的诉讼里可能的败诉，AT&T 将自己拆分，并放弃它在本地回路上的一切地位。它将维持长途电话业务和几种辅助资产，比如黄页、贝尔品牌、贝尔实验室，以及西部电气。AT&T 在西部电气领域的雄心显而易见，因为它顺带提起废除 1956 年的同意令，那个同意令禁止它销售计算机系统和服务。与此同时，美国电信监管方在通过数据网提供计算机服务上的立场改变了：1966 年的第一次计算机决策（Computer Decision）强化了计算机市场，这个市场被天然认为是具有竞争性的、创新性的；这一决策保护数据网和计算机网，使之摆脱电信运营商的束缚；不允许电信运营商到计算机领域经营。网络数据处理的问题、联网设备数据处理的问题开始出现……

　　1980 年的第二次计算机决策规定，在某些结构分离的条件下，撤销对通信和数据处理服务的管制。1980 年的同意令确认这一决定，解除 AT&T 运营计算机服务和网络市场的禁令——那是自 1956 年起就向它关闭了的市场。终于，为了其子公司美国贝尔的重组，这些解禁的大门打开了，市场也期望它能对 IBM 构成严重的挑战。但 AT&T 附带的胜利来得太晚了，它进入计算机市场的尝试失败了。1991 年 AT&T 收购计算机制造商 NCR 也没有带来任何改变。

1995 年，西部电气和贝尔实验室更名为朗讯科技（Lucent Technologies），朗讯科技从 AT&T 剥离出来，这正是四十年前反托拉斯局的要求！运营商将一些资产转移给 Agere，Avaya 等分离出来的小公司，并让 NCR 自由经营。2006 年，朗讯与法国阿尔卡特（Alcatel）合并，这两家公司的双重治理是一场灾难，其装备制造的残骸于 2016 年被诺基亚收购。经过一位"布雷顿法"信徒的彻底清账，收购终于达成。布雷顿法以欧盟现任盟内市场专员的名字命名，他以技术公司的重构而著名——迅速、铁腕、成功，至少短期内如此。

这种监管在产业界产生重大影响：电信和计算机产业局限在分割线的两侧，AT&T 和 IBM 的两种生态系统绝不交会，唯有专利组合的交叉许可除外。AT&T 尝试的"智能网"始终处在胚胎期；它又尝试 Net 1000 服务，这个网络号称能理解任何类型计算机的任何类型终端，但 1986 年被放弃。就其本身而言，IBM 开发计算机的互联系统，起初搞专营的系统，后来用令牌网（Token Ring）架构推进封闭网络拓扑结构上数据的迁移也是徒劳一场。蓝色巨人 IBM 在成功而简易的以太网面前低头了，更准确地说，它在以太网 10Base-T 技术标准面前低头了。这个技术标准允许数据在电话线的一对铜线上以 1 000 万比特 / 秒的速度传输。

在网络上驱动数据包是很好的，但让这些网络互联会更好。到

20世纪60年代，若干架构已见天日；由于1965年的同意令，其开发方式不受电信运营商（AT&T是其中翘楚）意愿的影响。在这个寓言故事集里，我们将记住法国人路易斯·博赞（Louis Pouzin）的赛克拉迪斯（Cyclades）项目。有时他被认为是互联网的发明人，1981年他和温顿·瑟夫（Vinton G. Cerf）联手提出通信协议TCP/IP，尤其有功。1981年，麻省理工学院和斯坦福大学发明最早一批多协议路由器。1984年，思科公司（Cisco）成立，1990年进入纳斯达克指数。

　　如此，互联网的成分大多数都是美国人的。互联网研究的主题是，在若干大城市原子玻璃化（atomic vitrification）的情况下确保军民事务的功能——只要你不看背景里电信业和计算机业及其冠军AT&T和IBM之间史诗般的战斗，这样的解释一定程度上是正确的。互联网产业的崛起首先是非常前卫监管的结果，于是机器之间的数据传输业随之而起，其参与者、协议和服务都自动地与通信业拉开距离。TCP/IP协议成为标准，思科公司成为无可争辩的冠军，向服务和内容为王的进军就开始了，美国把自己的模式向世界出口，其根据也随之出口。同时，互联网在美国国内的成功还归功于20世纪80年代对电信业的监管。实际上，AT&T被拆分的后果之一是收费标准：本地电话费免了，因为小贝尔的收入来自电话订阅费和长途电话费。"本地回路"纳入订阅费，只要你的访问供应商有一个本地号码，你在互联网上花费的时间对你的电话账单就没有影响。通达世界的统一费率通信（flat rate communication）被发明出来啦！

若要连接，你只需要一个调制解调器[1]，借以访问本地服务商的号码。这是一些基本服务，包括电子邮件，以及文件下载和新闻组。同时还需要一个终端去咨询和使用这些服务：大多数时候，这一终端是微电脑，但硅谷总是领先一步。我抵达硅谷时发现，它已经在研制专用途、微型化、便携式的机器了。如果说智能手机还在遥远的未来，其先辈已经为其妊娠做好准备。互联网机器产业的建设大体上是由美国国内的监管周期塑造的，这对国家有利，却对电信运营商有害。网络应用拼死捍卫"网络中立"的原则，这一原则容许最小的数字企业主甚至西雅图书店的小老板在不受阻碍的条件下去发展。

在短短四十年的时间里，美国从一个电信服务世界走向了网络霸主的世界，其电信服务建立在本地"天然垄断"的理念上，如今的霸权被几家网络巨无霸掌握，不与人分享。所有的巨头都是美国公司，没有一家是电信运营商。所谓的 GAFAs（谷歌、苹果、脸书、亚马逊），加上谨慎行事的微软，GAFA 是法国人和欧洲人所谓"包揽一切"的用语[2]，把这些巨头装进同一袋子里，即使他们的服务和商业模式各有不同。四巨头唯一相同之处是，给电信运营商留下没有互操作性的被监管的基础设施，让电信运营商被捆住手脚；无论代价多大，这四巨头都不要电信基础设施的包袱。这是因为网络四

---

1. 调制解调器或多或少传输并解码电话线上刺耳的噪声，开通了一个数据传输渠道。
2. 纽约城市大学（NYU）的斯哥特·加洛韦（Scott Galloway）称 GAFAs（谷歌、苹果、脸书、亚马逊）为"四巨头"，呼应审计行业的"四大"，有时也指世界末日的"四骑士"。

巨头一个季度的利润就足以收购一家欧洲电信运营商……在这个世界上，网络使市场全球化，市场又使网络全球化；赢者通吃，麻烦除外。电信业放飞了数字化，却牺牲了其他业务。最后在 1982 年，AT&T 被拆分为若干小贝尔公司，这也是震撼旧大陆移动通信危机的间接的源头；1984 年的同意令使欧洲狂迷。欧盟各国的电信市场平均被分割为三四家运营商，结果是极端竞争性的收费标准，对订户有利，但是对运营商的边际利润和投资能力有害。在此期间，跨大西洋的风景重新集中在三四个大玩家的身上，它们公布的平均费率（和边际利润）是法国大公司的两倍。一位行业内的老手告诉我，美国有一个出口规章条例、金融危机、武器系统、干涉主义的诀窍，它总是捷足先登，维持了几年的先行和影响，为自己谋利。

本章思考题

总之……你呢？

互联网不仅是美国军事防卫政治意志的结果，而且是通信业监管的结果；监管的起点是公司间数据网络的争夺，争夺由 IBM 触发。

无疑，欧洲电信业监管的信条从 1984 年美国 ATT 被分拆获得启发，但欧洲没有贯彻这一分拆令的产业政策。欧洲电信业的监管延宕了二十年。

从 20 世纪 50 年代起，美国就拆分了电话网和计算机网，生成了互联网兴起的协议和技术。

什么政治领袖乐意把监管视为进攻性的主权杠杆呢？

互联网完成了访问和服务的解耦，包括固定通信和移动通信的解耦。

作为年轻的读者，你知道计算机的历史吗？你知道芯片元件的发明人是电话运营商吗？你知道"调制解调器之歌"吗？

第四章

一

他们不知道
自己在干什么

1994 年 5 月 2 日，我到了硅谷。在库比蒂诺汽车旅馆住了一周，有足够的时间在费尔奥克斯西部找到住宿和一辆道奇 ES600。我在苹果的实习终于开始了。为什么是在苹果？

彼时，让－雅克·达姆拉米安（JJD）及其法国团队感兴趣的三个课题是：Kaleida 公司、3DO 游戏机和 Newton 掌上电脑。Kaleida 是三家联盟公司之一，它与苹果和 IBM 在 1991 年底结盟，目的是遏制微软。联盟的"硬件"含有的内容是，苹果与 IBM 联合开发微处理器 PowerPC；IBM 终于有了自己的芯片，摩托罗拉为苹果提供 680XX 系列处理器。其目的是要反制英特尔的独霸。至于"操作系统"部分，由三家联盟的公司 Taligent 负责，目的是和 PINK 项目竞争，让苹果的 System 7 在 IBM 的个人电脑上运行。最后，实验室负责开发多媒体引擎 ScriptX、编程语言和相关的播放器。Taligent 和 Kaleida 两家公司的项目白花了 50 多亿美元后，项目被迫中止。历史记住了这两家公司，它们就是灾难。PowerPC 这个项目的灾难稍次之，但命运令人失望，因为苹果背叛这个项目后随即离开联盟，并于 2005 年底官宣迁移至英特尔的处理器。3DO 是一个交互式游戏机，第一版包括一个光盘驱动器，《时代》周刊将其称为"1993 年度产品"。更准确地说，它有一套经授权许可制造的规范，松下、

LG 或三洋公司可生产这种游戏机。因为它能用作机顶盒，所以法国电信公司对其很感兴趣，法国电信开发有线电视的雄心是实实在在的。3DO 这个项目在 1996 年底被中止，因为它销售乏力，不能与任天堂和世嘉这两个巨头抗衡。

Kaleida 公司和 3DO 游戏机凋零之后，达姆拉米安及其法国团队感兴趣的三个课题只剩下苹果的 Newton 掌上电脑了。苹果的 MessagePad 掌上电脑于 1993 年推出，如今被视为 iPhone 的曾祖父，虽然是有线的，但是这款机器可通过外部调制解调器上网。法国电信对 MessagePad 也感兴趣，它想把法国国家网络 Minitel 的仿真器置入这种掌上电脑，首先是想要评估 MessagePad 的功能和编程的便利性。苹果领头的另一个项目也引起了法国电信的兴趣：这就是 eWorld，非常符合人体工程学，是美国在线 AOL 访问软件的简单改写版。法国电信正在考虑研发一个欧洲版，并将其与 Minitel 的网络服务结合。

在达姆拉米安及其法国团队感兴趣的三个课题中，我选择了苹果公司及其个人互动电子部（Personal Interactive Electronics /PIE），牛顿掌上电脑就由这个分部研发。达姆拉米安在苹果总部的联系人创造奇迹，我收到这个分部的老板加斯顿·巴斯蒂安斯（Gaston Bastiaens）签署的实习信，签署日期是 3 月 15 日，期待我 4 月 4 日报到。但几天后他被解雇，我报到的时间推迟到他的继任者桑迪·贝内特（Sandy Bennett）接手之后。所幸的是，我在苹果公司的法国方面联系人保证，我的实习照常进行。在法国电信耐心等待几个星期以后，我终于在苹果总部加入了拉里·凯尼恩（Larry

Kenyon）的团队，团队的任务是为 NewtonOS 操作系统研发电话应用。几乎整个"牛顿"团队都安排在"无限循环"园区，由"麦金托什"团队的高层组成，包括几位鲜活的传奇人物，比如苹果同事史蒂夫·卡普斯（Steve Capps），他办公的小隔间就在我旁边。

我发现苹果文化的一个特征——基本的保密美德。实习生不会被委以任何重要的事情，即使他或她签署了保密协议，希望他或她离开苹果时，只是被期望在黑暗中对在苹果所做的事情、对公司的氛围带着星光一闪的好奇。换句话说，我的工作担子轻，自由度成反比例，我可以放飞好奇；我可以会晤硅谷区的法国人，从中享受欢乐，比如 3Com 的埃里克·本哈莫（Eric Benhamou）或菲利普·卡恩（Philippe Kahn）。卡恩 1983 年创办宝兰公司Borland，靠 TurboPascal 语言起家。这些聚会的组织者正是让 – 路易·加塞（Jean-Louis Gassée），苹果前任二把手。我到他的初创企业办公室里会见他。即使我会见了法国电信高层的老同学 Phac Le Tuan，而他正在为 Versit [1] 这个合资项目工作，但苹果的保密文化还是使 eWorld 团队非常复杂、难以接近。我几次去硅谷小城帕洛阿托拜访友人，还会晤了蒂埃里·齐尔伯格 [2]，他是让–雅克·达姆拉米安（JJD）麾下的人，正在开发一个智能电网，代号"金字塔"，用合作伙伴《通用魔术》摄制组的通信终端。

---

1. Versit 项目由苹果、AT&T、IBM 和西门子合作开发，目的是界定电信技术和计算机技术整合的架构和标准。
2. 蒂埃里·齐尔伯格（Thierry Zylberberg，1958—2016），法国工程师协会精英，负责让 - 雅克·达姆拉米（JJD）麾下的"金字塔"项目。——译者注

硅谷的个人通信终端项目热闹非凡，它们预示手持终端的未来，不过平板电脑甚至笔记本尚未成熟。互联网不甘示弱，作为首批 e-mail 软件标志的 Eudora 维持了很长一段时间：收发邮件的协议 SMTP 和邮政协议 POP3 或交互式数据消息访问协议 IMAP4 至今仍然是全球的 e-mail 架构，每天 400 万用户用这个架构收发 3 000 亿封邮件[1]。Versit 合资项目开发的一款软件表示联系人（vCard）和日历事件（vCalendar/vCal），使软件和合作系统互操作性的设想成为可能，这个产品提出使用一种通用语言来回答"谁？"还有"什么时候？"的问题。

1994 年还标志着文件传输的兴起和应用程序电子分发的开端[2]。一方面，公告栏服务（BBS）开发，新闻组及其相关的 NNTP 协议出现，在线可访问信息的组织开启了。另一方面，文件则组织起来，存档并用于查阅，但没有一个具体的导航界面。戈弗（Gopher）导航系统基于信息的层级排列，用分组文件夹，像硬盘的文件，抗拒另一种方式的信息导航和结构，却不能坚持很久。1989 年，蒂姆·伯纳斯 – 李[3]在欧洲核子研究组织 CERN 发明了超文本（HTTP）协议，使"服务"内容文档即"网页"成为可能。超文本语言描绘文档的结构及其链接，使参阅其他页面成为可能。超文本语言组成

---

1. https://review42.com/resources/how-many-emails-are-sent-per-day/

2. 文件传输协议（File Transfer Protocol, FTP）：Anarchy 是第一款网页浏览器，用于搜索可下载的软件。彼时最常用的浏览器之一是杀毒软件 Disinfectant：网络犯罪不是现在才有的新东西。

3. 蒂姆·伯纳斯 - 李（Tim Berners-Lee，1955—　），英国计算机科学家，万维网发明者，2016 年度图灵奖得主。——译者注

一个信息"网络"，超文本靠"线程"连接，"线程"由连接构成。借此，我们在互联网上的信息导航就急剧且决定性地改变了。1991年，蒂姆·伯纳斯－李推出万物网及其网址[1]。这就是所谓的"网上冲浪"。他的导航网址仅仅是其中之一，其查询内容稀少且初级，他用的是美国国家超算中心（NCSA）开发的 Mosaic[2] 浏览器。到了网景浏览器（Netscape）第二版，等到马克·安德森[3] 团队在浏览器和网络服务器之间的 SSL 加密层被开发出来以后，互联网的其他用途尤其是电子商务才被构想出来。这一重大的技术进步利用了美国监管条例的小调整——1992年以前，加密技术被视为武器，是严禁出口的。网景浏览器的两个版本并存了几年，为美国之外的用户提供低密度的服务。1996年，克林顿总统放松加密技术管制，这是电子商务真正繁荣的标志，保证了美国创业者未来的主导地位。一个平行的发展势头是，Yahoo! 负责为已知的网络编目、列表和索引。首批通栏广告在页顶闪亮登场，主要由 Compuserve 公司发明的 GIF 格式的文本和小插图组成，与当时非常低的数据速率兼容。

这一切都在我的眼前发生，令人瞠目。我阅览从法国返回的问卷，觉得率先建设国家网的法国人还没有充分意识到硅谷正在发生的事情：作为目击硅谷进步的常住客，我向身处巴黎的法国电信的朋友认真发出报告。那时的电子邮件还不是很拥挤（空邮箱是常

---

1. 蒂姆·伯纳斯－李后悔不该在网址里用双斜线"//"，他发现既笨拙又无用！
2. NCSA Mosaic 浏览器，简称 Mosaic，由美国伊利诺伊州香槟大学的 NCSA 团队研发，这是世界上第一款展示现实图片的浏览器。——译者注
3. 马克·安德森（Marc Andreessen, 1971— ），美国企业家、投资人，"浏览器之父"。——译者注

态，还不是精英个人生产的禁欲主义的自留地），我发出的电子邮件遇到了顽固的沉默死寂。终于到 8 月中旬，我接到伊夫·帕尔费特（Yves Parfait）来电，他对我的加利福尼亚经验感兴趣。他甚至邀请我实习后加盟他的 Mediatel 团队，开发在线服务。我毫不犹豫地欣然接受了。Mediatel 程序管理公司是 1994 年成立的，由让－雅克·达姆拉米安与热拉尔·埃梅里（Gérard Eymery）合作建立。达姆拉米安去世后，Mediatel 托付给法国电信的工程师伊夫·帕尔费特，帕尔费特是光纤的先驱。此时的 Mediatel 已经成熟，这个国家级的运营商正在考虑下一步棋，有三大选择：

1. 持有美国在线公司（AOL）20% 的股份，AOL 和 Compuserve 是美国 "在线服务" 两巨头；由此建立 AOL 欧洲公司。

2. Mediatel 的高层偏爱的第二种选择是 "法式风格的电信系统"，用电脑取代 Minitel 网的终端，运营收入照旧用服务亭（Kiosque de Services）模式。运营商直接开具发票，部分支付给发行人，"微服务亭" 这种应用商店模式已证明适用，至少在法国是这样。经改写的视频协议适用于计算机用户界面，这就是高清晰度的多媒体接口 VEMMI（遭到诋毁者讥笑），基于这一接口的模型被开发出来，在 1995 年 10 月的日内瓦国际电信交易会上亮相，呈送给新任信息技术部长弗朗索瓦·菲永（François Fillon）。

3. Mediatel 的第三种选择就是使用著名的 "IP 协议"。"IP 协议" 不是法国人发明的，而是美国人发明的。TCP/IP 协议的构想效率低、无亮点，通信网络的研究人和工程师众说纷纭。法国国家电信研究中心仍然是出类拔萃的实验室，受美国贝尔公司和日本电报电话公司实验室尊敬。法国国家电信的实验室分布在伊西莱穆利诺、巴纽、兰尼翁、雷恩、卡昂、索菲亚安提波利斯，其研究人员握有庞大的专利组合，我们的许多标准都是他们开发的：手机的 GSM 标准，MPEG4 的图像压缩，语音合成和识别；他们还创造了光纤传输速度的许多记录。

有些工程师认为自己单干更好，另一些人认为与他人合作好一些。TCP/IP 协议有优势：其通用、朴实、强劲已经在美国得到证明，而后在服务、内容基础设施上很富有竞争力。1995 年我抵达 Mediatel 编程部报到时，第三种选择"互联网"已获批准，得到达姆拉米安强有力的支持。联网接入服务（IAP）的冒险项目已经启动，这个内部初创的工程由伊夫·帕尔费特直接领导，我和丹尼尔·勒雷斯特（Daniel Le Rest）、乔治·埃文（Georges Even）加盟。伯特兰·古兹（Bertrand Gouze）几个星期后抵达。在一段不长的时间里，我们得到一些朋友的帮助：弗朗索瓦·雅各布（François Jacob）负责通信，居伊·科梅拉斯（Guy de Comeiras）不久接替他；让－马克·斯蒂芬和通信技术团队负责网络架构；法扎尔·马吉德（Fazal Majid）负责软件架构。雷恩实验室的通信技术人员处在电视和视频技术前列，他们陪伴我们负责项目的多媒体技术。伊西莱穆利诺、兰尼翁和凯恩的实验室调动精兵强将帮助我们：百事待举，包括给这个项目命名。

1994 年 2 月，法国电信收购了哈瓦斯社[1] 5.5% 的股份，以换

取法国白页和黄页独家广告公司 ODA 50% 的股份；白页和黄页有纸质版，也有 Minitel 的电子版。这一切服务都通过 ODA 的运营商国家电话簿服务（SNAT55）发布。法国电信这样的联营旨在"探索电信和通信前沿的新领域"，尤其电子发行和在线服务的新领域。ODA 广告公司有一个团队致力于新用途和新界面，极富创新精神，拥有服务原型制作能力。在丹尼尔·桑索伦特（Daniel Sainthorant）领导下，这个团队的重点是为计算机制作多媒体内容。特别重要的是，它开始设计一个创新品牌下的服务商的世界：瓦努阿图（Wanadoo）。在诺门（Nomen）支持下，法国电信探索多品牌可能性，比如打造 FT36[1]，但并没有令人信服的效果。回想起来，我们还是松了一口气。联网接入服务（IAP）项目和网络服务的瓦努阿图（Wanadoo）项目融合：都放在法国电信分公司法国电信互动之下，丹尼尔·桑索伦特及其团队加盟。首批入盟的人有董事会主席罗杰·库尔图瓦（Roger Courtois），他是法国电信的资深人士，携风度翩翩的视频编辑加入；还有董事玛丽-克里斯廷·阿莱（Marie-Christine Allais）和让·勒布伦（Jean Lebrun），他们负责电子目录服务。法国电信互动分公司迁至艾蒂安·多莱特街的马拉科夫，然后又迁至伊西莱穆利欧城的卡米尔德穆兰街。法国电信两个分公司的生产和服务精于专业，其研发人员和系统管理员极具天赋：电信服务中心已经在用 Unix 操作系统运行，那是彼时唯一能管理数千平行会议的系统，接近实时。从法国国家网 Minitel 的辉煌成功

---

1. 最后确定的 8 个品牌是：Tango, Ampli, Dexter, Zoomix, Scooper, Prompto, Wanadoo, Hublot。

中，涌现出一代软件工程师；在 Unix 操作系统和太阳微系统服务器的开发和管理中，这一代工程师的才干无与伦比。那时，我发现有一所学校很优秀却默默无闻，其名字是法国高等信息工程师学院（EPITA）……

那还是一个一切都要自己动手的时代，没有一般的通用工具，也没有通用的服务砖。我们处在淘金热的初期，铲子、镢头等小五金工具商店里还没有。第一个用计算机"网上冲浪"的消费者浏览器是网景，网景 1.0 才问世几个月。其竞争对手 Quarterdeck（其主管肯定是苹果高管加斯顿·巴斯蒂安斯那样的人物）却不如网景那样快速发展；网景既提供网络服务器，又提供获取服务的软件。如此看来，我们那帮人还是要从零开始，仿照美国人的格式。

首批服务元素及其图标的设计委派给 EVM 多媒体，负责人是让－路易·福塔尼尔（Jean-Louis Fourtanier），率先创建该服务第一个可视化签名的是塞西尔·亚当（Cécile Adam），她用自己的名字塞西尔给普通订户命名"塞西尔·贝尔托"[1]。这一技能在意见工作室里被内化了。同时，我们还不得不为用户提供结构性帮助，他们有时混淆硬件和软件的英语首字母缩略词，不能把它们与法国 Wanadoo 网的服务区分开来。我们的一些代理点接待沮丧的用户，他们卸下汽车后备箱载来的设备，把个人电脑、键盘、显示器、调制解调器和光盘放在柜台上说："不能用！"的确，我们必须要提

---

1. 直到今天，这种签名仍然在一些小册子里使用，法国 Orange 网的"帮助屏"上也在用这样的签名……

供互联网连接：毕竟那是我们的第一使命。连接由调制解调器提供，无论它是嵌入电脑的或单独购买的。这些调制解调器由软件控制，总是预先安装好的，一般的公共用户没条件自己安装：连接套件的作用之一就是简化安装。我们运营商必须要部署数以千计的调制解调器，去欢迎并连接互联网的用户。伯特兰·古兹负责的销售部维护连接套件，而连接套件又是 BVRP 发售的；BVRP 由布鲁诺·范·里布（Bruno Van Ryb）和罗杰·波利蒂（Roger Politis）创建。这个套件起初用 3.5 英寸的软盘发售，以后用光盘，曾经由法国电信的代理和专业报刊分销和测试：那时的互联网接入提供商满世界忙于打补丁……

　　1996 年 5 月 2 日，在法国电信互动分公司的马拉科夫的场地创业好几个月之后，Wanadoo 终于向公众开放……Mentia 公司的联合创始人瑟奇·苏多普拉特夫（Serge Soudoplatoff）成为第一位订户。过了四年，我们有了 10 万用户，大大超过原初的计划[1]。起初的营销预计 1995 年底达 2 000 订户，1996 年底达 13 000 订户，1997 年底达 40 000 订户……就这样，经过一天一夜手忙脚乱的测试和矫正之后，Wanadoo 在二十五年前问世了，那时全靠手工操作，用超文本标记语言 HTML 1.0 代码在几乎静态的网页进行测试和矫正。那时没有先进的编辑软件，只有我自己电脑上的"文本编辑"（Text Edit）。其实这并不是什么问题：代码是可读的，第一个版本有一个非常简

---

1. Wanadoo 用四年达到 100 万用户。《愤怒的小鸟》（*Angry Birds*）电子游戏在三十五天内就被安装了 5 000 万次。

要的说明。即使后继的版本使"键盘上"网页编辑相当复杂，它们还是用得上的，学会了 HTML 语言的人还是能解码的。最重要的是，1996 年设计的网页仍然在浏览器下展示得清清楚楚，这是向后兼容性（backward compatibility）的迹象。

我们设计了一个极其简单的主页，包含几种服务的革新，比如直接访问集成的网上邮件，或每日更新的信息。网页指南[1]、文件下载、新闻组访问、与第三方发布人合作向 Wanadoo 订户投送增值的内容等都可以在主页上办理。个人页面托管服务到来，提升了法国电信作为内容提供者或发布人的地位。给人人提供自我表达地方的可能性压倒了潜在的风险，我们推出了"个人主页"。那时为微电脑提供的软件很差，分发在磁盘或 FTP 服务器上、难以通达用户。于是我们决定建一个软件库，让人人能找到自己的路径。Wanadoo 开发的"蓝巴扎"（Blue Bazaar）很超前，一定意义上就是第一个应用商店。"蓝巴扎"取名的灵感来自阿夫雷镇的杂货店 Bazar Bleu，由编辑齐夫·戴维斯（Ziff Davis）和《个人电脑》的撰稿人杰里米·贝雷比（Jérémie Berrebi）启动和维持。如何用 email 在互联网上把服务送达用户呢？谁也不知道！所以我探索部署美国出版人电子邮件名录的可能性。几个月以后，雅虎买下了这一设计[2]。我深信人名录的作用：人名录与元数据（metadata）结合，而元数据含通话时长、频率、呼叫次数或呼叫详细记录，两者的结合包含着

---

1. 网页指南初名 Who，后更名为 Who What Where。
2. 购买人是雅虎亲法的市场营销经理杰夫·拉尔斯顿（Geoff Ralston）。

名的"社交图谱"（social graph）；十年后，社交图谱让脸书大发横财。而电信运营商受到监管，被禁止使用自己的这些数据。我们在一件小型白皮书《小鸟范式》（*Birdie Paradigm*）里表达了这样的直觉[1]。Minitel 的入口提供连续不断的服务接入，电信平台是存在的、尚未迁移到互联网的服务都可以使用。彼时的互联网还没有网银服务，尚不被视为安全，特别是因为它不允许向服务供应商直接付酬。Minitel 的经济模式基于一个简单的计量单位：时间。法国人习惯法国电信的账单：运营商的信誉处处有保障，电话服务由电信单位根据通话时长收费，没有统一费率，更没有通话限制。Minitel 的部署和收费模式使许多服务编辑器成功开发和使用，早在互联网之前很久就已经让法国数以百万计的用户习惯了。应用商店的原理基于向受信任的运营商集中支付，由运营商向出版商付款，自己收取佣金。这样的经济模式在电话亭时代已在运行。然而，法国 Minitel 网的特殊性突然被一个极端简单的协议一扫而光。这个协议本身没有任何担保，它把担保移交给上层协议。而且，主导的经济模式是广告：许多广告商不想和用户建立直接的经济联系，这有诸多包括司法方面的原因。多年以后，我们才弄懂那句话："如果免费，你就成了产品。"

因此，时尚爱上了互联网"门户"，爱上了连贯一致的服务世界，在同一品牌旗下的服务，独立于互联网访问的服务。为确保用户经常通过门户，主页就需要经常更新内容。反过来，页面终

---

1. 这件白皮书在法国电信集团的雇员身上留下了印记，见 https://j. mp/paradigm-oisillon。

端的库房又使广告的库存膨胀，广告库存因用户的了解而获得认证，又可以卖给广告商，因为广告商热衷于在互联网上的存在。关于门户的辩论开始了：它应该只为订户开放还是向所有人开放？互联网的逻辑要求一切开放。反过来，订户已经向互联网交费，看见 Wanadoo 网页上的广告时他们并不总是认可其合法性，因为 Wanadoo 是"他们的"联网供应商。从受众的角度看，Wanadoo 的订户如何把自己与其他竞争的门户区分开来呢？ Wanadoo 的对手有互联网大玩家雅虎，还有其他互联网服务提供商比如 Lycos 或 Caramail。在麦克卢汉[1]预言的地球村里，人人都在试图用门户和围墙把自己的后院圈起来。

1994 年，法国电信聘请年轻的财务检查员尼古拉斯·杜福克（Nicolas Dufourcq），应马塞尔·鲁莱（Marcel Roulet）请求，他率队与财政部协商员工退休金的问题。1995 年 9 月，经历政府的混乱之后，米歇尔·邦（Michel Bon）担任法国电信主管，杜福克协助与他同行的资深检查员完成了协商工作。1997 年协商完成之后，杜福克获聘到多媒体部工作，同获聘任的还有热拉尔·埃梅里。杜福克对 Wanadoo 感兴趣。我们的互联网目录服务于 1997 年 4 月开启，包括自然语言问询服务、巴黎街道照片、地图服务和初创项目 Echo 开发的网页搜索引擎。1998 年 7 月，Voila.fr 门户（内容）发布，完全和 Wanadoo 网及互联网接入分离。稍后，杜福克接任多媒体部的主管，把以上服务整合起来。1998 年，另一位财务检查员奥利维尔·西切尔（Olivier Sichel）应米歇尔·邦聘请加盟法国电信。他在纳伊（Neuilly）消费者协会见习了两年，然后加盟 Wanadoo 以取代帕特里斯·马格纳德（Patrice Magnard）；马格纳德创建网上书店 Alapage（Alapage 是 1999 年 9 月收购的）。

Wanadoo 其余的冒险故事至此已经设定：其越轨的分公司用外国技术吃掉了 Minitel 的大量现金，即使达不到"大户人家"标准，至少成了这样的先驱；在互联网的潮流中从天而降，激起高涨的欲望，把自己吹嘘成"头牌网络公司"运营商，自我和估值的泡沫开始膨胀。其实我们几乎就是最后进入这个市场的一家。走在我们前面的有：3615 Internet、Altern、InternetWay、Club Internet、Havas Online、Oléane 都是大名鼎鼎的法国互联网先驱。法国电信姗姗来迟，带着突击部队和雄心，立志要打造简单、容易、使所有用户安心的服务。如此，Wanadoo 像一台内部启动的引擎，开足马力全速前进，经过几个月的猜疑后，它激起其母公司法国电信真正的溺爱。1998 年，我们已经是互联网排名第 150 的大厂[1]。我们的服务场所演化的节奏堪比微计算的进步和互联网浏览器的潜力，尽可能让更多的受众用上我们的服务。调制解调器的速度加快，从 2 400 比特／秒到 56 千字节／秒（快了 24 倍），达到铜线的极限，然后转向宽带。几个经营要素关系的永久性仲裁总是必要的：提供内容的丰

---

1. 我要致敬很多先驱：Dominique Lemaire, Philippe Michel, Luc Pugeat, Thierry Robin, Olivier Bon……

富性（及其分量）、导航的流畅性和访问的速度，访问速度因用户的装备（及传递速度）而不同。连接的时长起初受限于费用，尤其受限于电话线不可同时兼得的两种用途：要么通话，要么"冲浪"。这一切服务意味着一种永恒的教学活动，包括一些广播节目，比如弗朗西斯·泽古特（Francis Zegut）在 RTL 电台上主持的 Zikweb 节目，这个节目是帕特里斯·比盖伊（Patrice Begay）出面商定的，他是乐此不疲的媒体人，至今仍然在尼古拉斯·杜福克的多媒体部分管通信。

二十五年后的今天，一方面，我们还记得法国互联网泡沫里华丽崛起的让 - 马里·梅西耶（Jean-Marie Messier），他努力在大众杂志里以新媒体大亨的形象留名，是白手起家打造维旺迪环球集团（Vivendi Universal）的巨人。另一方面，伯纳德·阿诺特（Bernard Arnault）通过他的投资基金 Europ@web 投资新媒体：这个基金的首席技术官正是约翰 - 大卫·张伯伦（Jean-David Chamboredon），张伯伦曾在凯杰公司任职，后投身鸽派运动（Pigeon Movement）[1]主张减税，同时担任 ISAI 投资基金会经理。亚历桑德拉·马尔（Alexandre Mars）尚未成名，但他管理着父亲在马尔资本的部分基金。他注资纽约市的一家初创公司，创业者有三人，一位在巴黎理工学院毕业，两人是法国高等信息工程师学院（EPITA）的工程师，三人在 MIT 相会。阮翠、西里尔·莫克雷特和塞巴斯蒂安·卢诺

---

1. 2012 年 9 月 18 日，约翰 - 大卫·张伯伦担任 ISAI 投资基金会董事长，在《论坛报》网页上投书解释说，2013 年的金融法相当于增加风险资本的税收，让投资者和创业者放慢脚步。鸽派运动随即诞生，迫使金融法富有争议的条款重组。

（Huy Nguyen Trieu, Cyril Morcrette and Sébastien Luneau）创建互联网地址簿公司 Ukib，Ukib 实际上是社交网络的先驱之一。Wanadoo 收获 100 万用户后，我于 1999 年中叶转入 Ukib 团队，成为第五名员工，负责商务开发；公司融资 700 万欧元，经费不算充足。

长远来看，我们肯定走对了：我们确认了前沿的技术挑战：计算机和电话机的相互关联、这两种设备里关键信息和有用信息的同步化，也就是日历尤其是联系人的同步化。2000 年 9 月 29 日，Ukib 公司参加信息同步标准协议（SyncML Summit）首届峰会，所有同步化工作的行为人齐聚一堂……但我们在时机的选择上犯了三个错误：

1. 对采用网络服务的速度过分乐观，而互联网连接大多数时候仍然是时断时续的；

2. 对部署移动设备的速度过分乐观，以为它们能驱动和满足我们的需求，与我们"保持同步"的服务保持接触；

3. 对运营商和手机制造商的能力过分乐观，以为它们能在其手机里妥善实现一个软件层。

互联网泡沫吹胀了。米歇尔·邦将法国电信描绘为"头牌网络公司"，他让 Wanadoo 上市，估值一下子上涨了 20%。2000 年 3 月 2 日，股价涨到 219 欧元。3 月 2 日，纳斯达克指数冲到 5 060 点；接下来的五个星期里，Wanadoo 失去它股价的三分之一，因为互联网泡沫开始破裂了。

一年以后，互联网泡沫继续破裂。在九月一个阳光明媚的上午，两架飞机划破天空点燃世界贸易大厦的双子塔，笃定不可侵犯的美国被侵犯了，双子塔崩溃，电视在直播，如果你是世纪之交前出生的，你可能清楚地记得那个极其愤怒的时刻：你记得你在哪里，你在做什么。对我而言，2001 年 9 月 11 日还是互联网慢下来但尚未"奔溃"的一天，悲剧过后的五分钟里所有的电话网都崩溃了。如果说互联网连接还时断时续，在办公室里互联网却是永恒的：实时通信的一种方式出现了，那就叫网上寻呼（ICQ）。以色列一家初创公司 Mirabilis（神奇）发布了这款软件。这款带绿红黄三色花的软件使人能与联系人即时通话、交换短信：显示会话线索的格式几年后在手机短信接口里露面。

几款编辑器在这个新生的利器里问世，包括带网络寻呼的法国 Teutates：梅特卡夫定律（Metcalfe's Law）表明，网络效应偏爱最快的编辑器，放大其扩散和 ICQ（ICQ 是最早的编辑器之一，成为这个类别里的领头羊）。1998 年，Mirabilis 被美国在线用 2.87 亿美元收购。

Ukibi 软件公司的美国总部坐落在华尔街，步行到世界贸易大厦的双子塔用不到十分钟，双子塔分别于当地时间上午 8:46 和 9:03 被击中。第一次撞击十五分钟以后，LCI 播出第一批图像，法国电视二台在下午 3 时播出图像。事件发生后，欧文立即呼叫美国同事，但跨洋电话网已经饱和，我们不再打电话。包括 TF1 在内的所有新闻网站崩溃。唯有 Voila.fr 网站继续播送新闻，它把主页上的全部广告和次要内容一概删除，再加上宽带播放。TF1 网站发现 Voila.fr 网站继续播送新闻后，它让塞纳河对岸的 Wanadoo 总部派信使把录像带送到 Voila.fr 新闻网站。我们的软件 Ukibi 还可以继续使用，我们看见有些美国同事还在线，至少能用电脑连接。熬过没完没了的几秒钟后，短信显示出来了，一个字符一个字符地闪现，非常缓慢，令人痛苦：

"我……们……平……安，我……们……好……怕。我……们……疏……散。"他们安全了。Ukibi 极其庆幸，免于灾难，难以置信。

一个字符一个字符地闪现，互联网证明了自己的韧性。

本章思考题

总之……你呢?

法国国家网络 Minitel 预示了电子商务和应用程序存储模型的到来。20 世纪 90 年代初,它成就了一代 Unix 操作系统的开发人和接触系统的管理人,唯有他们能设计、运营和管理同时举行的几个网络会议。

首批互联网接入的速度比较快,而首批浏览器和计算机的显示力却有局限,导致非常基础的工效学效果;今天我们再次发现这个问题,却不是因为工效限制,而是因为用户的体验。

电话运营商首先觉察到社交图谱,多年后社交图谱将使脸书大发横财。本地监管者不让电话运营商利用源于自己核心网络的社会图谱数据。与此同时,顶级服务在网络表面生成这些社会图谱,其规模超越了"电信公司"的地理足迹。

在法国电信这家公共运营商内部推出互联网供应商瓦努阿图是一次成功的内部创业经验。

从互联网诞生之日起,访问和内容、受众和服务、免费和收费的权衡就是细腻和动态的问题。它预示"如果免费,你就成了别人的产品"时代的到来。

2001 年 9 月 11 日你在哪里?你体会到一切通信的断裂吗?你当时正在用短信做什么?

随机存取存储器:数字技术革命的故事

072

▶▶

第五章

—

九键键盘的
统治

1999 年 9 月 10 日，我们驱车离开切萨皮克，一路风景宜人。在不远处的红树城码头，小船轻轻荡漾，站在码头可以俯瞰旧金山湾。有些员工乘坐快艇来到 Phone.com 工作。这家公司由法国人阿兰·罗斯曼[1]创办，已两度改名，还将有两次更名。它是移动互联网冉冉升起的明星之一，它调整内容访问以模仿手机特征；彼时的手机不像计算机，还是小屏幕，单色，数字键盘，数据连接很慢又很贵，不必论非常有限的功能和储存，一切都是为了支持其自主性。因此，其理念是在浏览器、高清多媒体接口语言 HDML 和无线应用传输协议 WAP 同步工作，以求移动内容的优化；起初，移动内容的生成靠的是即时转换 WAP 服务器 / 门户上的互联网内容。我们在每年一度的北美访问已接近尾声，这个小型代表团的团长是法国移动电信的董事长米歇尔·贝尔蒂内托（Michel Bertinetto）。

我们头几天去加拿大的多伦多，访问了 Microcell 游戏、贝尔移动、Saraïde。接着去堪萨斯城访问了 Sprint 公司，这是一家营运商，法国电信和德国电信各占其 10% 的股份。然后去硅谷，1997 年到

---

1. 阿兰·罗斯曼（Alain Rossmann），让 - 马里·梅西耶巴黎综合理工学院的同班同学，在斯坦福大学获 MBA 学位后迁往硅谷，入职苹果公司。他在 1994 年创建的 EO 公司是移动终端的先驱。其传记值得一看，见 https://en.wikipedia.org/wiki/Alain_Rossmann。

2007 年的十年间，Sprint 已在准备重新界定移动通信产业。实际上，产业的风景即将被几次颠覆，深刻和快速地颠倒乾坤：移动互联网到来，3G 泡沫，照相手机出现，智能手机露面，诺基亚消失，标准融合，欧洲的相关产业消逝，终端及其生态系统的霸权对互联网造成损害，互联网被降级成为准入商品的行列。

手机起初是奢侈的配件，后变为许多人共享的设备，但它仍然是比较私密的，是电话亭的复制设备而已。1997 年起，手机民用化，进入了数十亿人口袋。在那里，另一个共享的用途与通话会合，那就是问路找方向，两种服务融入单一连接的物品，手机取代了许多其他设备，吸收并集成它们的多种功能。

手机引起深刻的社会变化。用固定电话号码时，你知道打到哪里要谁接听：但来电人身份不明，直到他问出了"谁呀？"，有时来电人就要这样揭示自己的身份。有多少年轻人的浪漫爱情因这样的过滤被父母阻挠了呀！手机除掉了电话线，尤为重要的是割断了脐带：手机成了私人物品，因手机持有人在互联网上有一个"直接的"身份。结果，我们知道我们在给谁打电话，听见不同于期待中的说话声是罕有的经验，也使人不安。在这种情况下，呼叫者的时区不同、地点未知，问话的常规是"你在哪里？"，更礼貌的用语是"打扰到你了吗？"用手机时还有另一个选择：发短信。这是 1985 年生成的协议之一，这是欧洲制定的全球移动通信系统标准。短信服务（SMS）是法国电信的伯纳德·吉勒巴特（Bernard Ghillebaert）和他的德国同行弗莱德海姆·希勒布兰德（Friedhelm Hillebrand）发明的。起初的短信构想是服务于技术，让操作者发信息时不妨碍语音频道。第一个短信发生在 1992 年 12 月 3 日，工程师尼尔·帕普沃斯（Neil Papworth）给同事理查德·贾维斯发短信"圣诞快乐"，成了历史上最贵的短信[1]。1993 年，诺基亚在它所有的产品中都准备了短信访问权限。1993 年，诺基亚 3210[2] 简化短信的编写与发送，并使之民主化；特别要感谢特捷（Tegic）通信公司开发的九键文本专利 T9[3]。SMS 短信限定在 160 个字符，没有发出的确认，也没有已读的确认。有些 SMS 压根就没有送达目的地，有些在移动网络拥堵时被拖延好几天，这样的情况今天仍然时有发生。

标准在变，比如容许成批处理短信，起初以每条短信计价，后来成批捆绑不受限制。短信用量五年内增长了 100 倍。2013 年法国新年除夕的流量达到巅峰，共发送短信 14 亿件，每个用户平均几条——短信服务推出二十年。短信服务首先出现在诺基亚手机终端的九键键盘上，但特别是在掌上公司（Palm）的 Tréo 上，黑莓手机的 RIM 上。Palm 公司开发了智能手机对话短信：至此，它们都是按时间顺序呈现的。此时，SMS 受到 OTT 公司的竞争威胁，OTT 的短信服务免于操作协议，只需简单的互联网连接。如此，iMessage 允许使用相同界面的人向苹果生态系统的其他用户

随机存取存储器：数字技术革命的故事

---

1. 法国奥古特拍卖行将其作为网络传送文件（NFT）拍卖，以 132 680 欧元成交（含手续费），见 https://youtu.be/3aQvUnfEsBI。
2. 诺基亚 3210 在全球卖出 1.6 亿部，成为"九键键盘"类别绝对的畅销品。
3. 特捷（Tegic）公司的几位工程师 1998 年申请了 T9 文本专利。1998 年 11 月，特捷公司被美国在线时代华纳集团收购，成交价未披露；2007 年 6 月，Nuance 通信公司从美国在线时代华纳集团收购特捷公司，成交价 265 百万美元。Nuance 通信公司组装了接近 30 亿部"九键键盘"的手机，包括诺基亚 3210 型号，这是对 T9 文本专利最好的宣传。

发短信，而且得到"成功投递"甚至"已读"群发邮件的确认，还可以从拥有 iCloud 账号的任何设备访问短信的可能性。互联网连不上时或收件人没有 iPhone 时，设备会自动切换到"仅短信"，并显示绿色讯息。其他的 OTT 短信比如 WhatsApp、Messenger、Signal 或 Telegram 要求专用应用程序，但把服务的范围延伸到音频和视频通话。SMS 格式还决定推特的长短。最初通过移动网络传输，在部署客户端应用程序（第三方软件，然后被 Twitter 接管）之前，蓝鸟的推文受到短信大小的限制：160 个字符，减去用户认证的 20 个字符（@+ 最多 19 个字符）这 140 个字符就是彼得·泰尔（Peter Thiel）的著名公式。2011 年，在《创始人基金未来宣言》（*Founders Fund's Manifesto for the Future*）里，他断言："我们梦想飞行汽车：我们有 140 个字符。"[1]

第一个短信时代是车载电话和便携式电话的时代，类似于 20 世纪 90 年代的全球定位系统 GPS。"九键时代"1996 年始于法国；法国电信移动公司的营销部主任居伊·拉法基（Guy Lafarge）推出消费者品牌 OLA，通行了十多年：黑莓和特雷奥（Treo）是推进"九键键盘"的最后两款手机。随后是 iPhone 彗星的剧变，2007 年初它的撞击使"九键"族和诺基亚手机灭绝。"九键"一词是最近发明的，千禧一代新造这个词来指那些老款手机，它们的键盘占据手机面板的一半；诺基亚重新发布的一款手机是诺基亚 3310。

在半代人的时间里，移动通信和电话使用的景观焕然一新，极

---

1. 到 2017 年 9 月，推特的字符增加一倍到 280 个字符，更像书面语了。

速的市场渗透几乎使固定电话被全部替换，时间只不过二十五年。几家运营商认为，移动通信服务只会被专业人士使用，它们起初的预测和之后的大量家用移动通信相矛盾。如果说起初的服务由电话运营商界定和控制，那么终端的解放和移动互联网的到来造成了监管上致命的不对称，时长和基础设施的准入让给了创新人，几年内就把门槛降低，让给简单的管道供应商。就像在固定电话门类里一样，在无限语音和短信服务的背景下，竞争已经被压缩到价格、速度和数据量的竞争。境外电话不包含在服务包里，也不用再拨打国外的电话号码了，现在可以通过其他应用程序使用互联网连接的顶级应用程序拨打。个性化服务比如移动彩铃的疯狂把市场点燃，使齐威（Kiwee）和让－巴蒂斯特·鲁德尔（Jean-Baptiste Rudelle）、鲍里斯·拉克罗伊（Boris Lacroix）设计的彩铃 Digiplug 成功了。这些创新用法预示语音作为手机主要用途的衰落（telephony 一词不见了），因为语音本身突变为千禧一代的"语音短信"，青少年用短信交流。发语音短信避免了实际的呼叫，把时间的碎片推向微小的时刻。

至于构建和扰乱通信市场的时间顺序和底层力线，那就难以仔细刻画了。它们见证的终端制造商崛起并没有特别的顺序：服务模式转向 OTT，高于互联网连接的标准，美国人和中国人的主导包括标准化的流行、3G 泡沫及其后果。这一革命源头的运营商夹在终端和互联网服务之间，终端和互联网服务吸干了价值链两端的边际利润。

1999 年，固定电信、移动通信和互联网融合，结果就是传呼机上的通知和电子邮件的短信，而法国人却还在研究这样的融合：我们应该提供"移动的"邮箱还是"固定的"邮箱？互联网的访问只应该由移动运营商提供吗？美国做出有利于互联网的选择：移动通信的标准以及相关的终端是分割的，覆盖是粗线条的，联邦政府的监管导向不受限制的公开竞争，因为需要服务的连续性。最有活力的玩家把终端和相关的服务结合起来，不必谋求语音的整合：黑莓是最好的例证。它不用用户识别卡 SIM，而是用罗兰·莫雷诺（Roland Moreno，1945—2012）1974 年发明的智能卡的变体，它容许运营商分别管理终端、用户和网络，并用安全的方式把它们整合起来，尤其维持了对订户关系的排他性控制。在 20 世纪 90 年代中叶，如果说终端和网络两者已经在互相测试，单机的计算力和"智能"终端数量的增加仍然有利于通信网络，有利于网络运营商（3G）支持的标准，有利于运营商保持的令人印象深刻的研发能力。这个情况在欧洲特别明显；在这里，几家运营商（领头的是法国电信和德国电信）、共同的政治意志和足够大的内部市场开发了手机的 GSM 标准，这是移动通信的单一标准。这个标准向全世界提出，得到欧洲装备制造商强有力的支持和推动；从一开始，它就提供了运营商网络的互联，德法两国用户端到端的呼叫。几年之内，这个标准被当作模拟蜂窝网络数字演化的自然结果；此前，模拟蜂窝网络已经不能满足大量的客户和用户。GSM 标准不可否认的成功足以让欧洲人满意，也许还使他们因为盲目而看不清方向。他们没有开发消费电脑市场，这可以用他们的"电信"向性来解释。欧洲人的电信设备文化局限于电话，与多媒体用途脱节。这样的"电信"文化曾经盛极一时，因为网络核心和终端的几个大玩家都很成功，比如诺基亚和爱立信（Nokia and Ericsson），还有法国的阿尔卡特和荷兰的飞利浦，它们都是消费电子巨人，已经在梦想互联设备和智能家居。

日本的情况也是这样的。历史第一的 DoCoMo 移动通信运营商稍后发明了一个移动互联网标准 i-Mode，以及令人印象深刻的兼容终端生态系统。消费电子仍然以日本人为主，其游牧式分支更具压倒性优势，他们利用索尼和随身听微型化的技艺。几年以后，数据速率和机载计算能力才足够强大，让所有的互联网服务以准原生的方式运行，适应非常不同的执行环境。

韩国的情况是典型的经济计划模式。在 1963 至 1993 的三十年间，军事文化执掌国家大权，做出结构化产业决策并予以实施。2012 年韩国国会报告说："韩国的发展一开始就基于国家干预主义方法。虽然自 20 世纪 80 年代实现了社会经济的自由化，国家的战略作用还是保留下来，以确定未来社会经济发展的门类；因为与商业世界的密切关系，国家就能执行其经济政策，以便在被挑中的经济领域赶上甚至超过其他国家。"[1]。

韩国的雄心早在 1963 年就确定下来，自此并得以实施，先发展重工业（钢铁、造船），随后是汽车工业，再后来是数据存储器和屏幕。这一计划的逻辑基于精准的分析，把握了韩国出口型经济前景的最好门类，三星公司辉煌的成就也得益于这一逻辑。1997—

---

1. https://www.senat.fr/rap/r11-388/r11-388_mono.html#toc29

1998 年的金融危机以后，金大中总统启动面向 21 世纪的网络韩国计划，同样是遵循这一逻辑。彼时的韩国拥有三大电信运营商，它们分属相互竞争的三大财阀：韩国电信，SKT 和 LG U+。有一天，这三大财阀的老板应召到产业部，接受指示，执行命令。这些将帅们很快就达成谅解，且理解深刻。韩国政府受到韩国先进科学技术研究院（KAIST）的启发，向财阀们解释移动技术代表着国家未来的发展：韩国人口密集、高层住宅楼过半——将成为部署光纤宽带网络存储和显示器领先的国家之一，但是唯有移动技术才能提升并支撑开发中的存储和显示器产业，姑且不论已经成功的三星和 LG 的消费电子了[1]。

如此，这些运营商接受指示开始建设移动网络、准备提供网络服务。它们还被告之要挑选什么标准实施，要实施美国的 CDMA 标准，而不是欧洲的 GSM 标准。而且，欧洲的 GSM 标准更新、更开放、更有前途，是明显的选择，对三星和 LG 尤其如此，欧洲为它们提供了潜在的大市场。况且，CDMA 标准和美国芯片制造商高通公司关系密切，虽然高通握有大批专利组合，CDMA 还是在不同的频带上运行，似乎在北美市场之外没有很大的潜能。这正是韩国官方选择的原因。他们首先用美国人的 CDMA 标准部署网络，让韩

---

1. 2011 年，除了消费电子业务，三星集团还是韩国建筑业和造船业的大玩家，它拥有韩国最大的保险公司，运营最大的游乐园、餐饮业和许多其他产业。集团占韩国出口的五分之一。彼时 LG 名为金星，长期在消费电子业与三星竞争。在录像机竞争以后，这两大集团转到电视领域竞争。三星领头转向平面电视，LG 在液晶显示器占优。之后 LG 被几家中国公司超越，降格到第二梯队，导致智能手机业务亏损。2021年 4 月，LG 宣布退出智能手机市场，成为退出智能手机的第一家全球大企业。

国运营商和制造商学会业务。有了自己的经验以后，三星和 LG 就能进入美国市场；只付出监管机构单一认证的成本，通过与三家运营商的谈判，三星和 LG 就得到千百万的订户。欧洲的 GSM 标准技术上更先进、较少依赖芯片和无线电技术单一供应商的专利，所以 GSM 在三星和 LG 作第二次选择时被选中了。一旦它们强大起来，它们的终端要在十多个欧洲国家获得认证时，等到它们要和二十多个欧洲国家谈判时，欧洲的 GSM 标准就被选中了。

美国玩家的处境和博弈就很不一样。CDMA 标准与有限用途和地区（比如加利福尼亚州的地铁公司及其理光服务）保留的技术一道使用，监管不太严（尤其在市场启动阶段）。美国人从一开始就用一种不同的方法，或出于产业的原因（硅谷）和文化的原因（电信公司和运营商叫作承运人，其作用充分说明了他们感知到的附加值）。他们的出发点是通信终端，通过基础设施连接到互联网，而基础设施适应当时的数据速率和计算力。这种方法最具雄心和象征意义的项目是"通用魔术"（General Magic）。1989 年在苹果公司内，马克·波拉特（Marc Porat）给约翰·斯卡利（John Sculley）带来下一波计算力的愿景，其基础是业内行为者、通信世界和消费电子产业的合作。这个项目早在 1990 年就融入了另一家公司，苹果公司持有其少数股权。1992 年，"通用魔术"集合大名鼎鼎的消费电子公司索尼、摩托罗拉、松下和飞利浦，让它们投资并成为伙伴。如此，"通用魔术"的轨迹偏离苹果的轨迹，而苹果专注开发牛顿掌上电脑。"通用魔术"为通信终端开发了一款操作系统 Magic Cap，由它的消费电子合作伙伴生产。其用户界面基于桌面及其对象的比喻，预示第一代苹果操作系统 iOS 的拟态设计。尤为重要的是，Magic Cap 为通信而优化，无论是为电子短信（SMS 尚未被开发）或为互联网访问。"通用魔术"构想了信息获取的非同步使用，普及了智能代理的概念[1]。智能代理将用户的问题输入互联网去传播，然后编辑远方服务器送回的回答，并将结果呈现出来。"通用魔术"开发了一款专用编程语言 Telescript，其部署需要在伙伴电信运营商的网络上运行，以便加速运算并提供尽可能顺畅的用户经验。1994 年，几家运营商响应"通用魔术"的号召：初期的伙伴是 AT&T，接着加入的是有线和无线（Cable & Wireless）、法国电信（France Telecom）、日本电报电话公司（NTT）和北方电信（Northern Telecom）。前两家的终端在当年中期发布，采用摩托罗拉的无线终端，索尼终端采用有线的调制解调器。AT&T 为"通用魔术"的用户部署了一个私营网络，并不与互联网连接，两年后被关闭。1994 年的首次公开募股使"通用魔术"筹集到 2 亿美元来开发 Portico，一款语音驱动的个人助理服务器，处理用户打进来的电话，用户被分配了一个 800 号码（相当于美国花费昂贵时期的"免费号码"）。由此可见，苹果的语音助理 Siri 的源头比我们想象的久远。终端的销售失败、太多开发项目的分散是"通用魔术"1988 年起衰败的原因，导致它在 2002 年破产。无论如何，"通用魔术"贡献巨大。它在美国西海岸专业公司的坟场里消失了，但通过它的校友网络，"通用魔术"还是做出了很大的贡献。它的确是一个校友孵化器，大概

---

1. 苹果公司也探索智能代理的愿景，并造出了智能代理的原型机赛博狗（CyberDog）。

是如今硅谷帮[1]的前身。"通用魔术"的校友里有：安迪·鲁宾（Andy Rubin），他创建 Android 公司；托尼·法德尔（Tony Fadell），他设计苹果的音乐播放器 iPod，创建智能家居技术公司 Nest，然后以 32 亿美元卖给谷歌；还有谷歌的元老之一乔安娜·霍夫曼（Joanna Hoffmann）。

除了高清多媒体接口语言 HDML 和无线应用传输协议 WAP 之外。计算机世界的其他协议由计算机世界和网络世界联合开发。但网络尤其移动网络数据的爆发很快就转向了互联网的优势，特别是因为互联网对智能化结构的灵活治理。协议规范仍然用简单的 RFC 文件写成[2]。3G 泡沫的所有成分都已到位。

至于世纪之交技术领域的震撼，历史只记得 2000 年 3 月，距离互联网泡沫破裂的第一个信号已过去五年。1996 年 8 月 9 日，网景公司在纳斯达克上市的第一天，其股价上涨三倍。三个月以后，网景的股值超过了达美航空公司。1998 年，初创企业和股票期权的疯狂蔓延到欧洲，传染到伦敦的第一个星期二，信息不太灵通的投资者向新经济的企业家投资，而这些企业家并非总是受市场激励的。员工以股票期权的形式获得报酬，因为未来似乎比现在更有希望。纳斯达克科技股市场见证了一连串的首次公开募股，接着就是股价的大幅上涨：纳斯达克 100 指数在 1998 年到 2000 年 3 月的

---

1. 最著名者毫无疑问是贝宝（Pay-Pal）生态系统里的人物 Peter Thiel, Elon Musk, Reid Hoffman，以及由此孵化出来的公司 Tesla, LinkedIn, Palantir Technologies, SpaceX, YouTube, Yelp，由此而生的亿万富豪和大学。
2. RFC 822 描绘电子邮件的结构，RFC 1945 描绘 HTTP 协议的第一个版本……

高峰期上涨了 3.5 倍。2000 年 1 月美国在线对时代华纳的收购被视为"新经济战胜旧经济的宣示"。TMT 概念成为咨询人口头禅里的新词汇，包含电信、媒体和科技的咨询，无论其科技开发的输赢。法国媒体巨头维旺迪（Vivendi）买下了环球音乐（Universal）时，通信的内容和管道仅有泛泛之交，这些技术公司不知道自己在干什么……

许多人记得的那出戏其实只是第一幕：网络公司的泡沫以潜藏的方式蔓延，传播到网络设备制造商和通信运营商。2000 年 3 月破裂的实际上只是技术冰山的一角而已。如果说电子商务的淘金热停下来，美国的零售商 Webvan 和欧洲网络公司 Boo 的轰然倒塌破产，"铲子镢头销售商"即设备制造商和运营商的大动作还在继续。制造商还想着为运营商提供设备。1997 年 2 月 14 日，68 个国家在 WTO 的框架内于日内瓦签署了电信市场的自由化，此后电信市场就如火如荼地发展起来。从 1997 年到 2000 年，朗讯、阿尔卡特和思科各花 20 亿美元用于收购。电信运营商还没有因互联网泡沫破裂而受难，因为泡沫的影响局限在网络和纳斯达克。另一个世界的股市继续显示高估值，2000 年全年如此，比如法国的 CAC 40 指数 9 月就达到最高水平。

虽然有本地环路监管的局限，家庭互联网接入还是在增长。然而移动互联网的前景却在吸引各方人士的兴趣，首先是政府的兴趣。至此，如果考虑 SMS 短信，移动用途主要还是涉及语音，很小程度上涉及数据。无线应用传输协议 WAP 将网站转录为文本，用户能通过 2G 网络在单色小屏上访问，2G 网络的速度不超过 9.6 千

比特 / 秒。只要网速还在加快，设想新服务和新收入就是可能的。在现有电信运营商及其研发中心的带领下，整个电信产业都在几年内继续开发下一代的通信设备，3G 的冒险故事可能开始，新的泡沫可能膨胀……移动电信网络的部署需要三个同步的成分：网络、终端和频率，终端在网络上交流，网络和终端因标准而变化。3G 雄心万丈，因为这些标准集纳在首字母缩略词 UMTS 里，第一个字母 U 代表 Universal（普世）。第三代移动电信不仅有望实现从 144 千比特 / 秒到 384 千比特 / 秒的有效速度，而且还支持许多多媒体服务（包括 IP 连接）。移动通信的第三个成分是频谱。这个宽广但受限的资源是一块公地，是一切无线电通信的基本资源，包括单向的广播（电台、电视台）和双向的通信（电话、专用移动无线电 PMR、机载无线电）。因为是这样的公共领域，它属于国家，由国家运营，是国家军事主权和民用主权的要素之一。国家的专门机构负责分配频谱，确保分享的频带（CB, VHF, SigFox, Wi-Fi）和专用的频带。在民用情况下，专用的频带使运营商不受干扰，因而能向用户提供独家的服务品质。最后，可能的数据速率取决于技术参数（无线电信号的调制和压缩）尤其取决于频率和带宽。因此频谱是稀缺资源，非常昂贵，能支持利润丰厚的用途。到 21 世纪初，电信业只盯着 3G 及其移动多媒体用途的前景。油管视频、脸书和 Zoom 流行的前二十年，人们已经在梦想移动电视和视频电信了。因此频谱像黄金一样贵重。那场"世纪拍卖"发生在欧洲，得到国家和欧洲监管者的支持，这些人痴迷拆解垄断企业的理念，他们想提供市场的分化来造成竞争，以便让最终消费者获利。这些欧洲人终于有机会向美国人证明，美国 1984 年的同意令并非其独享的权利。英国人首先扣响了扳机，在 2000 年 4 月以 380 亿欧元授予五张许可证[1]。德国人也在 2000 年 8 月跟着效仿。六张许可证拍出了 500 亿欧元！[2]。自 1997 年拍卖程序启动时，罗斯柴尔德（Rothschild）就担任英国政府顾问，起初他估计每张许可证的价值在 500 万至 10 亿欧元之间，3G 订户的价值在 500 欧元至 1 000 欧元之间。然而，出乎意料、前所未有的产业整合现象使整个过程脱轨，使拍卖脱离任何经济现实。这种局中局既是史诗也是灾难。

对英国移动市场的兴趣始于 3G 频谱分配之前，拍卖准备过程中，吊起的胃口早在 1998 年就开始增长。1999 年 10 月，德国运营商曼内斯曼（Mannesmann）宣告以 340 亿欧元收购法国的奥兰治公司，那是它三年前在伦敦证券交易所上市时市值的 8 倍。靠这点市值，它不可能同时收购玛莎百货、塞恩斯伯里、Next 服装公司和劳斯莱斯。（Marks & Spencer, Sainsbury, Next, and Rolls Royce）。考虑到建立法国奥兰治那样规模的一个运营商的成本，曼内斯曼的报价事实上就把一个 3G 许可证的价格翻了三四倍；而奥兰治还在亏本，其 2G 网络尚未建成，却又不得不将 2G 网络密度翻一番来服务 3G 订户。彼时的奥兰治有 350 万用户，占英国市场份额的 17%。因此按照这个价格，每个订户的价值对德国人来说是 8 500 美元。领导

---

1. 中标者是四家英国的 2G 运营商（英国电信的 CellNet、One2One、Orange 和 Vodafone，还有一个新入行的公司。

2. 赢标者是：英国电信支持的 T-Mobil、Mannesmann、Viag Interkom、日本 NTT DoCoMo 支持的 E-Plus、荷兰的 KPN Mobile、香港的和记黄埔、与法国电信结盟的 MobilCom，以及西班牙 Telefonica 和芬兰 Sonera 控制的 3G 集团。

投标团队的是市场营销天才汉斯·斯努克（Hans Snook），这个英国市场的麻烦制造者的预付报价是 85 欧元，相当于忠实订户一百年的收益。但英国沃达丰（Vodafone）公司的食欲完好无损，它的收购策略要求其股价经常不断增长，以增强财务股东的信心，并不羞于报价 1 100 亿欧元，接着又报价 1 300 亿欧元，徒劳一场。2000 年 2 月初，莱茵模式 [1] 屈服，以 1 600 亿欧元赢标，由此生成了实际上最大的运营商。让－马里·梅西耶领导的媒体巨头维旺迪给予支持，优惠漫游协议的形式换取建设单一欧洲移动门户维扎维（Vizzavi）的前景，维旺迪公司贡献其内容……。在协商谈判的过程中，英国的投标过程悬置六个月，2000 年 3 月恢复，英国沃达丰－德国曼内斯曼两公司的交易签署。尽管英国电信抗议，法国的奥兰治公司获准参与竞标一张 3G 许可证，它获准从另一家公司融资，但被禁止与其支持者勾结。13 家投标者的保证金有望在 170 亿欧元至 340 亿欧元之间。经过 150 轮投标，一切天花板都被冲破。沃达丰一直垂涎的 B 许可证，以 110 亿欧元竞标成功，最低价的许可证以 68 亿欧元拍出。2000 年 5 月末，沃达丰把奥兰治转卖给法国电信。此前，法国电信未能在英国市场立足，它不得不以 500 亿欧元收购英国的第三大运营商，连同其 600 万订户、3G 许可证和债务。法国电信举债 320 亿欧元，据说法国政府不乐意成为法国电信的少数股权股东，

---

1. 莱茵模式（Rhineland capitalism），莱茵河流域的西欧国家如德国、瑞士、挪威、瑞典等所奉行的市场经济模式，以社会公平的理念为基础，关注企业的长期可持续性以及它与众多利益集团的关系，而不仅仅是与股东的关系。这种模式在财务、社会和环境方面是比较成功的。

但英国的沃达丰并不想交换股权，而是以现金成交，就像它变卖曾经用现金购买的曼内斯曼帝国的股权一样。美国的西格拉姆与法国的维旺迪合并时也是这样干的，它们协商达成一项股价下跌时的保护条款……

其他欧洲国家许可证分配的情况不尽如人意——因为资金不够。英国和德国的拍卖使市场枯竭。这些拍卖会强制的支付条件导致立即而完全的支付，运营商的融资靠银行贷款。金融市场很快给出反应，3G 泡沫破裂。

直到 2000 年春，法国政府才开始就发放 3G 许可证的程序而征询产业界，由于欧洲指令对电信市场竞争条例的规定，法国政府把许可证定为至少三张。英国和德国拍卖会的疯狂和法国经济重镇巴黎贝西区的旺盛胃口使产业巨头马丁·布伊格（Martin Bouygues）在《世界报》（*Le Monde*）上天天谴责欧洲高涨的许可证价格及其风险，断言"致命的电信拍卖"只能产生代价可怕的选择："或猝死或慢死。"在四张授权十五年、标的 495 亿欧元的许可证中，只有两张找到了买主：法国电信和第二大电信运营商 SFR。苏伊士 – 里昂 – 西班牙电信（Suez–Lyonnaise–Telefonica/ST3G）和马丁·布伊格放弃竞标。没有任何人留下投标。一个买主不能让法国市场与欧洲条例兼容。另一个买主响应 2001 年 12 月 29 日发布的欧洲条例，但为时已晚。2001 年年底，纳斯达克指数从 2001 年 3 月的高峰下跌了 60%，法国电信 2001 年内的跌幅亦达 60%——从它的高峰期已下跌了 85%；法国奥兰治的股价下跌了 22%，法国瓦努阿图从它 2000 年 7 月上市时的股价下跌了 72%；市场和法国电信对公司自

第五章　九键键盘的统治

已偿还能力的质疑与日俱增。变化的行情使政府对发放最后两张许可证的条件做了大幅度修改，以适应电信市场金融和产业的真实情况：许可证价值 6.19 亿欧元（原价值除以 8），有效期延长到二十年。虽然出现了只剩下布伊格公司一家竞标这样的新情况，但它于2002 年 12 月 12 日被授予许可证。SFR 和 Orange 两家公司享受的条件（价值和期限）和最早获得许可证的两家公司一样。因此，它们的标的金 495 亿欧元可得到一部分补偿。第四张许可证被授予法国公司 Free，3G 牌照的发放经过许多程序以后结束，这个过程整整花了十年。

3G 泡沫的破裂使许多运营商破产，那些大量举债去购买牌照的运营商以及用现金购买牌照的运营商尤其陷入困境。法国电信的象征性案例说明，泡沫的破裂如何扩散至整个行业，如何深刻而决定性地改变了数字接入基础设施的风景。

2002 年夏天，法国电信的情况从难以持续走到岌岌可危。高价购入的资产（NTL 和 Mobilcom）贬值使它削弱，其合并股权接近负值，它负债 680 亿欧元，被人称为 "世界上负债最重的企业"。9月 12 日，米歇尔·邦辞职，并公布法国电信负债的数字。公司需要一位救星：他们转向蒂埃里·布雷顿（Thierry Breton），他曾经成功拯救几家陷入绝境的技术公司。布雷顿三个星期以后上任。这个 "被赶上架的人" 也行走如风。这个可怕的谈判高手摊出条件：一个 80+80+80 共 240 亿欧元的计划；法国国家、供应商和运营商作为法国电信的三大股东共同分担。这个计划名叫总体运行绩效（Total Operational Performance/TOP），是麦肯锡（McKinsey）战略咨询公司方法论的变通，麦肯锡将这方法应用于它的客户。国家没法对布雷顿说"不"，他曾经证明阿兰·朱佩（Alain Juppé）总理的决策错误。1996 年，朱佩准备把汤姆森公司以"象征性的 1 欧元"卖给韩国的大宇公司，布雷顿单枪匹马重组这家电子制造商，令人惊叹。国家股东 80 亿欧元的预付款立即到账，布鲁塞尔的欧盟总部很生气，立即启动反对国家支持的程序。但新上任的 CEO 是布雷顿，布雷顿的招牌就是快马加鞭，他要让这三驾马车与最快的车轮（他本人）结盟，把三家股东置于高压之下，强加不平衡往前奔的战略，将其作为唯一能向前跑而不倒的出路。凡是感觉不能与这样的快节奏同步、有时认为它残忍的人，都会被告诫：公司是否是他们继续职业生涯的安乐窝。法国电信的社会肌体觉得很难接受重新部署的要求，因为几年前刚接受并成功实施过大规模的重新部署要求。"生产线工人"负责维护和保养越来越自动化的网络，经过培训后他们通过法国电信的 650 家门店转向了对客户的服务。这些门店深深扎根全国，原来为"S63 型模拟电话和国家网 Minitel 终端的维修和交换柜台"，变成了"终端和服务的销售门店"。米歇尔·邦在国家就业局的工作经验得到了回报，至少在这个方面有了回报。

和已上市的竞争对手不同，法国电信是公私合资的公司，国家是大股东，但它仅仅是股东之一，其首要的特点之一是，法国电信的雇员也有公务员的特殊地位。经行政法院 1993 年允许，在某些情况下，法国电信可以把这家国家电话公司改建为上市有限公司，却不必改变其雇员的地位。这种异常的举动束缚了法国电信公司的灵活性，它裁员时要求员工自愿离职或"受鼓励"离职，或者要求公务员重新融入"真正的"公务员队伍。公司身份变化的初期提到这一可能性，以便让法国电信能和上市的竞争者"平等"竞争，但这种可能性沦为理论上的说说而已。因此，压力就集中在海外员工身上，以及前几年还是私营性质的员工上，那是为了给公司文化输入"新鲜血液"而雇佣的员工。"最后进者，最先出去！"这是物流行业的一句话。"集成算子"模型计划快速制定并实施了。奥兰治 2004 年退市，瓦努阿图同年夏天接着退市；顺便指出，这样的退市使金融市场分析师避免了法国电信两种子公司内部利润的转移，一是利润极其丰厚的历史公司，一是消耗现金的新兴活动的公司。布雷顿与公权力部门令人生畏的谈判技巧也得到回报：监管者同意让电话费三年内每月涨 1 欧元：这几乎为"总体运行绩效"计划带来每年 1 亿欧元的额外进账和纯利润。尽快回归收支平衡的愿望促成了以盈利为重点的转机，还导致汤姆森公司研发经费的大幅削减和公司专利组合的榨取，包括和 MP3 格式相关的专利；到 20 世纪 90 年代后期，由于便携式数字播放机和盗版音乐的普及，MP3 格式专利有了收益。对一家运营商来说，削减开发成本是不够的。为了对"总体运行绩效"计划宣告的 80 亿欧元能继续实施，供应商也应邀做出贡献。法国电信每年要采购 200 亿欧元的设备和服务：2003 年到 2005 年 3G 网络建设削减 30 亿欧元的投资也是不够的。

　　这正是路易斯 – 皮埃尔·维纳（Louis-Pierre Wenes）进入法国电信的时机。维纳曾经是科尔尼管理咨询公司的伙伴，无情的严谨和无可挑剔的清晰是他的风格，他建立完全集中式的采购组织，开启优化的系统研究，尤其是批量的采购和供应商的减少。在维纳的领导下，法国电信与现存和未来网络主要制造商进行前所未有的谈判。彼时，大多数电信设备制造商是欧洲人，极其强大。他们很早就对欧洲的移动通信 GSM 标准做出贡献，GSM 标准的成功使他们士气高涨，他们在移动基础设施和服务的一切领域都申请了专利；这些供应商是权贵之乡的上帝。他们既提供网络设备又提供终端，掌握了价值链的高低两端，更像是颐指气使的太上皇。诺基亚主导市场，其份额接近 40%；爱立信决定与索尼联手以受益于索尼的设计和营销的专业知识。法国公司阿尔卡特也不甘示弱，路易斯 – 皮埃尔·维纳牵头的谈判非常激烈。他要求网络供应商给法国电信实质性的折扣，如果它们需要在年底收到付款的话。如果被回绝，法国电信甘冒不兑现承诺的风险……

　　主要的运营商纷纷介入。于是，价格和设备制造商的利润纷纷骤降，再也无法恢复，其中一些甚至因此而消亡。比如昔日加拿大引以为傲的北电网络（Nortel Networks）曾经占多伦多证券市场市值的三分之一；在 2000 年 9 月到 2002 年 8 月的两年时间里，它的股价被除以 80。虽然经过了大刀阔斧的重组，又裁员 60 000 人，这个设备制造商最后还是认输，于 2009 年申请破产。在欧洲，诺基亚剥离它的网络制造业务，分出一个独立的子公司诺基亚网络，让诺基亚网络与西门子网络合并。一个月以后，合并的诺基亚 – 西门子网络宣告从 60 000 员工中裁员 9 000 人。2021 年，市场整合继续下去，昔日美国荣光的摩托罗拉移动基础设施被收购。这样的跨大西洋合并既不是第一家，也不是最后一家。

通信产业里另一位风风火火的人也熟谙布雷顿法，他将要结束这样的循环，翻过法国阿尔卡特公司惨败的篇章，将其残骸卖给……诺基亚。如果说瑟奇·谢瑞克[1]花了两年时间才使阿尔卡特这家大公司重新聚焦，互联网和 3G 泡沫就使它的雄心折损了一半，使其股票市值在 2002 年就损失了 90%。谢瑞克 2006 年尝试和朗讯合并，纸面上生成了电信基础设施的世界领袖之一，但十八个月灾难性的治理使公司及其老板戛然止步。加拿大北电网络接过了 3G/通用移动通信系统（UMTS）活动，但它已经病入膏肓，2007 年集团 15% 的裁员使它的新业务面临尴尬的处境。与日本电气 NEC 结盟的失败更是雪上加霜。2008 年，本·韦瓦耶（Ben Verwaayen）接过缰绳时，阿尔卡特仍然是世界上排名第三的通信网络供应商。但大幅度的裁员还是不足以止血，在十年的时间里，每年的损失大约还有 8 亿欧元。阿尔卡特不得不质押其 29 000 项专利，以贷款 20 亿欧元：阿尔卡特暂时得救了！米歇尔·科姆斯（Michel Combes）随后进场厮杀。2013 年 4 月，这位法国电信前首席财务官取代本·韦瓦耶。他也效仿布雷顿的方法，同意局势的灾难性分析。六个星期之后，科姆斯宣告一个激进的转轨计划，大幅度节省、规模收缩、全方位伙伴关系和债务重组。不到两年，阿尔卡特集团就在全球裁员 15%。避免了破产，股价涨了三倍，直到 2015 年 4 月以

---

1. 瑟奇·谢瑞克（Serge Tchuruk, 1937—），1995 年 6 月出任阿尔卡特全球董事长兼首席执行官。——译者注

156 亿欧元卖给诺基亚。

远距离看，2015 年的诺基亚似乎是手机和"九键"领袖：21 世纪初，诺基亚 3210 和 3310 款的手机售出了 1 亿多部。这家芬兰公司与微软的关系始近后疏，把手机业务转让给微软，然后又获得自己名字的专利。2007 年，诺基亚以 81 亿欧元收购汽车导航软件开发商纳夫特克（Navteq），纳夫特克更名为 Here 地图，然后又卖给一个由德国汽车制造商组成的财团，售价仅为其买入价 81 亿欧元的三分之一……对起家于纸浆厂的诺基亚而言，这样的变形并不奇怪，它经历过橡胶业，然后才于 1992 年将重心转向手机。

爱立信度过这些危机岁月时更谨慎，不那么激动。这个瑞典巨头重新聚焦于网络。十年后，爱立信把股票转让给索尼，两巨头合资组建索尼爱立信（Sony-Ericsson）移动通信公司。爱立信调研视频市场后，收购汤姆森彩色公司（Thomson Technicolor）的广播分公司、微软的交互式网络电视（IPTV）分公司和恩维维奥（Envivio）公司，恩维维奥是视频压缩（MPEG4）技术的主要供应商。2009 年，爱立信与法意半导体公司（French-Italian STMicroelectronics）合作生产零部件，但这样的伙伴关系四年后失败了。

2017 年，华为把爱立信从领奖台上拉下来。重建这家中国电信巨头的历史既不合时机，也很困难；这是一家民营企业，从它有计划的攀登中吸取的教训于人有益。华为的网络技术核心战略类似于三星的终端战略：采用外国标准以主导国内市场。起初，华为的移动技术在世界最大的国内市场得到实惠，这一原创性战略的延续性见证了耐心的部署，这个设备制造商在非洲一个国家接一个国家、一个网络接一个网络部署，这是西方忽视的非洲大陆：这些移动网络是由中国部署和融资的基础设施的一部分。其余的一切就是等待时机打入欧洲市场。解锁欧洲市场的正是 3G 危机。法国电信和路易斯－皮埃尔·维纳开始降价以后，一个接一个运营商加入这个砍价螺旋。华为乘机敲门展示其能力以匹配这些运营商要求的价格。它们拷问中国人设备的能力，看看其服务数千万订户的可用率和性能，要求华为提供类似于欧洲资深专业公司的网络。这些专家绝不会错过任何批评的机会，他们批评刚刚进入欧洲市场的华为及其同胞公司中兴通讯，"中国制造"的标签妨碍了它们在欧洲的开拓。然而，华为网络的移动通信服务数千万非洲用户却是不可否认的事实。就累积容量而言，华为超过了法国市场规模：此前比较谨慎的华为已经确立了华为品牌的可靠性。

欧洲人削减投入研发的资源。与此同时，华为却在大力增加研发资源的投入。于是，它成为 5G 标准的最大贡献者，在 5G 标准上申请了最多的专利。它在世界移动通信大会（Mobile World Congress）的地位本身就是很好的展示，它展示中国版的移动通信技术和组件。由于精心挑选的比如与徕卡（Leica）照相机公司的合作关系，通过不断加强的现场营销，华为制造的终端在市场上留下了自己的印记。华为在几个国家获得优先连接的地位（在英国建了研究中心，在法国建了工厂，在巴黎高等电信学院资助研究教席），营造了无可争辩的信誉。与此同时，它还为 SFR、布依格电信（Bouygues Telecom）、英国电信、沃达丰等运营商提供很大一部分设备，签署了 47 份 5G 设备合同。唯一的限制成为当下再现的主权问题，欧盟总部和各成员国都提出了主权问题。在美国，"摆脱华为"（Huawei free）的口号禁止中国人从美国采购零部件和技术。英国人也如法炮制，然而大局已定，你要摆脱它就困难了。

"九键键盘"的统治就这样结束了。

本章思考题

总之……你呢？

技术规制是产业政策的杠杆，最好的标准未必总是能在市场上胜出。

21 世纪初见证了两个泡沫，而不是一个。互联网泡沫主要是撼动美国，3G 泡沫主要是影响欧洲，欧洲对 3G 的规制落后了。我们今天仍然感觉到这些产业泡沫的地缘政治影响。

数字主权不是建立在政治言论上，而是建立在事实上，建立在对某些准不可逆依赖关系的长远控制上。

频繁拍卖的政策必须要协调。英国人更灵活，他们挣了数百亿欧元，将其纳入自己的国库里；法国人起步晚，好不容易才收获 24 亿欧元，在此过程中还不得不拯救其国立的运营商。

两年内使一家公司扭亏为盈是可能的：代价多少？能维持多久？

作为有抱负的高管，你要记住公司的估值只是评价的意见。支付时花费的现金才是事实，特别是在现金缺失的时候。

电话运营商曾经是基础变革的中心，是很先进的研发机构。情况不复如此，国家生态系统正在受难。

你过去不太懂"九键键盘"，你曾经对诺基亚一无所知；如今你知道智能手机如何侵犯我们的生活了。

第六章
—

智能手机的崛起

2007 年 1 月 9 日，我和情绪识别研究团队（RealEyes 3D）在拉斯维加斯出差，会议、餐叙、派对一个接一个，国际消费电子展览会（Consumer Electronic Show/ CES）热热闹闹。和每年的展览会一样，整个电子产业都在场展出，媒体也蜂拥而至，人人急于发现与基调同步的新产品，它们将为未来的几个月增添亮点。

作为通信技术未来的门户，作为整个电子产业汇集的巨人，国际消费电子展览会逐渐吸收了美国主要的科技展。计算机博览会（Comdex）坚持到最后，在连续二十四年在拉斯维加斯举办之后，于 2003 年被迫停办了：计算技术成为消费电子展览会里的一个类别，主要的多面手制造商都会出席。与此同时，为专业厂商开辟的展位也很齐全，比如设计水冷式游戏电脑或个人电脑散热风扇的厂商都有自己的展位。电视商参会之后，手机商、多面手制造商也被吸引来参会，最后被吸引来参会的是配件供应商。甚至一些欧洲交易会也打包来参会了。日内瓦电信展失去光彩，德国柏林的消费电子及家电展览会（IFA）和汉诺威的电脑展（CeBit）也黯然失色。世界移动通信大会（The GSM World Congress）、"九键"展会这一巅峰移师巴塞罗那，还在坚守自己的阵地。这些变化证明了拉斯维加斯基础设施无与伦比的吸纳能力。麦卡伦国际机场、巨大的拉斯维加斯会议中心（LVCC）、丰饶的饭店和娱乐设施能接待 1 万余名访客，能满足 75 000 余名展会工作人员的需求，每年如此：出席展会的人口相当于圣诞季之后一个星期里涌向圣艾蒂安、勒阿弗尔或兰斯的人口。因此，所有在消费电子产品和信息技术领域里有影响力的公司都通常会在国际消费电子展亮相。

所有的大公司都参展，但有一家例外，它仍然抗拒所有人都服从的强制令。"不同凡想"（Think Different）是它的口号，它通常不出席技术会：没有展位，最多是在更加机密和专门的事件中比较审慎地亮相。2007 年 1 月 9 日拉斯维加斯的国际消费电子展览会期间，这家公司走得更远：它"黑"了整个展会。它就是总部位于库比蒂诺的苹果公司。所有的媒体都在报道这个展会，它却在展会期间邀请媒体去参加另一个"事件"，地点不在拉斯维加斯，而是在旧金山。媒体离开拉斯维加斯的展会，疯狂冲刺到麦卡伦国际机场，奔赴旧金山去出席苹果公司的"主旨"事件[1]。乔布斯手举一个新产品宣告："今天，我们将要重塑电话的历史。"这款设备组合了平板电脑、个人助理（通信录、日历和笔记）、互联网连接（电子邮件、Wi-Fi 上网）和照相机的功能。电信仅仅是这款新机的功能之一，它名叫 iPhone。移动通信产业即将犯下几个大错，付出延误几年的代价，损失数十亿美元；有些公司坠入地狱，没有降落伞保护；它

---

1. 乔布斯率先使用这种会议格式，他驾轻就熟，手法完美，是苹果公司及其产品雄心的体现。2007 年 1 月 9 日 "事件" 的基调是其典范，完美体现了乔布斯独特的能力，他要创生一个 "现实失真场（reality distortion field），见 https://youtu.be/MnrJzXM7a6o。

们错了，它们自认为坚不可摧的地位保不住了。

手持设备制造商一直在不断增加界面和服务，但他们仍然被欧洲的移动通信标准 GSM 束缚，得到许多运营商（及其用户订购）资助的电话也在改变，但其演化速度和保质期受到欧洲 GSM 标准的束缚。手机的功能丰富了，有时服务也增多了，同时又尊重互联网标准和移动通信基本承诺：总体的自主性，特别是电池寿命的保障。电话制造商拥有不可否认的技术知识，与移动通信标准和互联网的管理连接，在广泛地共同基础上彼此有别，这个共同的基础偏爱互操作性。因此，他们探索许多不同的形状因子，同时聚焦于其存在理由的独特功能：使人能呼叫和被呼叫。他们的用途视野是电话，几十年都限于手持电话和车载电话，只不过砍掉了电话线。天线因诺基亚而消失之后，他们无情地探索可能性和形状的天地，以适应日益增长的用户基础的趋势和文化。翻盖格式出现，模拟贴近嘴巴和耳朵的手持电话，可以折叠起来装进衣袋。这一格式源于亚洲，由三星普及，给美国制造商启发，他们用摩托罗拉 V3 剃须刀手机（Motorola V3 Razor）将这一逻辑推向极致。V3 平坦、漂亮、荣耀、成功。但翻盖手机制造商不再受欢迎，蒙受损失，再也不能做得更好……1996 年诺基亚推出的 Nokia 8110 是滑盖手机，这款新手机在电影《黑客帝国》（Matrix）里露面，那是植入式广告的天才手笔。受此启发，三星手机成功将键盘缩回屏幕下方。微型化的竞赛是高超技艺的外在标志，导向小巧且超级性能手机的营销。这一执着追求的象征无疑是索尼爱立信的 T68，这是日本瑞典结盟的合资公司2001 年推出的第一款终端。T68 率先融入了市场上的彩屏，它支持彩信标准、一个完整的电子邮件客户端、一款互联网浏览器，既能在美国网络上运行，也能在欧洲网络上使用。

2002 年，T68i 手机添加了一个可选的摄像头，展示 VGA 分辨率（640 x 480 或 30 万像素），仅仅是你目前智能手机平均分辨率的 2.5%。T68i 手机是市场上最完善的型号，重 84 克，"小人国"尺度：半只手高（10 厘米），半只手宽（5 厘米），2 厘米厚。T68i 售价 685 欧元，每克值 8.15 欧元，此后罕有产品与之匹敌。虽然它容易操作，但微型的屏幕正是它难用的原因，微型的屏幕与多媒体功能不能完全兼容，尤其与图像生成和消费不能兼容。

照相手机的时代来临，它需要最小的体积来容纳镜头及其处理模块，需要加大的屏幕去展示照片、接收到的图像，需要多种选择的导航界面。在紧凑型数码相机占据半壁江山的情况下，移动成像的兴起要求特定的应用和用途；相机的质量或显示屏幕尺寸都不能考虑移动数码摄影。因此，制造商需要增加相机的用途，最好的解决办法就是利用软件。他们必须采购在其专有操作系统中运行的中间件（middleware bricks），并将其集成到每个品牌甚至每个型号的用户界面中，因为屏幕和按键布局都无法提供连贯一致的用户体验。早在 2003 年，索尼爱立信就将游戏集成于手机去填充那些"微观时刻"，以为自己征服了地盘；同理，手机制造商开发了移动通信初创企业的整个生态系统，初创企业的产品和服务都继承于它们的终端。2006 年，我加入的情绪识别研究团队是这类产品公认的领袖之一。其行政主管伯努瓦·贝尔热雷（Benoît Bergeret）筹集了 1 100 万欧元，投资人由著名的 iSource（Nicolas Landrin 主管）、阿特拉斯风险投资公司（Fred Destin 主管）和帕泰股份有限公司（Jean-Marc Patouillaud 主管）。我们的情绪识别研究公司把自己的移动便利贴、手机明信片许可证和模拟加速度计技术[1]出售给三星、诺基亚和三洋等公司。彼时，我们这一经营模式是全生态系统追随的模式：以千百万美元的转让费预售给制造商，他们对每个新型号行使抽签权。然后，我们的情绪识别研究公司给予指导，集成其技术，对每一款手机的特别界面进行优化，收取专业服务费。

然而，2007 年 1 月 9 日，即使我们的情绪识别研究公司年营业额有 300 万欧元，我们还是痛切地感到好景不长，虽然我们总共部署了 1.7 亿个许可证。iPhone 改变一切、简化一切，把一切浓缩进135 克重的机身里。屏幕占据了整个面板，整机只有一个按键。物理的交互全部在触摸屏上完成。触摸、滑动、夹捏：全新的手势语法出现了，明显、直观，其中多半是苹果的专利技术。

Wi-Fi 连接释放了电子邮件和网络浏览的访问权限：第一部iPhone 在 ATT 的 2G 网络上运行，基本上只是你不在家而是在办公室或宾馆大堂时的备份。可用的屏幕首次带给人们在电脑上发电子邮件和冲浪的体验。在主旨演讲中，乔布斯把这样的体验归纳为"桌面级"的体验。与谷歌的合作使 iPhone 能容纳油管视频和谷歌地图。天气和股市信息使其提供网络服务得以完成。iPhone 的性能接近电脑，这使苹果的承诺可信：苹果公司没有吝啬，没有用

---

1. Digitizer 是移动便利贴，w-Postcard 给照片加手写注释，是手机明信片化服务，Motionized 模拟手机里不存在的模拟加速度计或条码扫描器。就算力和随机存取存储器而言，这些功能都极其受限。同时，这家初创企业营销 Qipit 网，提供移动复印服务。

牺牲设备成本、偏向超大处理器的方式做出仲裁。这一战略选择容许它考虑随时间而更新。它更新操作系统的原理也是比较极端的。iPhone 问世之前，操作系统的更新基本上是矫正性的，而且都要通过移动运营商的分支机构。移动运营商迷恋自己的品牌，他们投入了大笔的资金；奥兰治、沃达丰等公司都想控制用户和分销渠道，都与制造商共建包括用户界面的品牌手机。智能手机品牌的共建远远不只是启动屏或待机屏上一个简单的运营商徽标，因此它意味着手机操作系统的修正。因为手机已成为小型计算机，其后续的更新基本上是矫正性的，有时略微增加功能或服务而已。

iPhone 从它的原始版 iPod 继承了一种能力，通过音乐库管理应用与电脑同步。苹果公司从 iPod 向前一步，它的第一款 iPhone 经历了 iOS 操作系统的三次更新，每一款 iPhone 引进了新的特征、界面演化和应用变化。有些变化矫正了产品推出时的不足：缺乏 MMS 的支撑，或缺乏复制 / 粘贴功能，引起了批评的声音。其他一些变化继续走向平台的部署：于是，第二款的操作系统在 iPhone 推出的第二年就得到部署，引进到苹果应用商店，增加第三方开发的应用也成为可能。原始版的 iPhone 继续接收到苹果 iOS 操作系统的更新；我的 iPhone 今天还在运行 2010 年 4 月 2 日苹果发布的 3.1.3 操作系统版本。源于销量、应用和用途惊人的增长，"一部手机、多种系统"的概念就产生了苹果客户群创纪录的采用率，以至于在几周之内就可以迁移到 iOS 的新版本。自 iPhone 4S 以来，每一个新款都能"接收"到 5 种连续的 iOS 版本，不会退缩。计算机语法战胜了电话逻辑：谷歌跟随苹果，推出与之竞争的安卓操作系统，"智能手机"格式几年之内就站稳了脚跟，重新界定了运营商和制造商的伙伴生态系统。iPhone 版本的碎片化或多或少是苹果适应自己不同款式产品而做的修正，这样的修正使谷歌的安卓操作系统难以更新，导致几种非同质修正版共存的局面。

其他制造商砍掉一切合作开发的预算，将预算集中在自己的安卓平台上。苹果允诺，合作方能够在未来的应用商店里获得一席之地，但因此而付出的代价却是商务模式的急剧变化。从向十多位制造商的前期许可证销售走向通过应用商店直接向公众销售，这个商务模式的变化既有危险又花现金。少数软件编辑器能走出困境，拥有自己的界面、不那么依靠制造商的界面，电子游戏编辑器尤其如此。我们的情绪识别研究公司没有恢复过来，虽然通过斯特凡·达迪埃（Stéphane Daudier）的努力，我们尝试重新部署日本市场。我们收缩欧洲市场的运行，压缩圣克鲁分部的编制；我裁掉自己，在 2008 年底收回自由之身。在不到两年的时间里，我们这一家初创企业，是个未获得通信界认可的玩家，摧毁了一个曾经辉煌的模式。对一家初创企业而言，这一切都是一个时机问题。这是我第二次尝到的苦果。

我们的情绪识别研究公司并非唯一落败的玩家：面对阵容强大的极客企业，众说纷纭的意见从怀疑走向居高临下的困惑，随时准备收割它们"宝贵的"工具，产业界没有经过策略箱（strategy box）过渡就直接从怀疑走向失败。怀疑似乎很有道理。一方面，移动电话业务是一项务实的业务，有人认为它从务实的电话业务演化而来。另一方面，对其他人（比如诺基亚人）而言，移动电话业务是艰难的战略决策，花了好多年才得以成功实施。诺基亚反对这样的怀疑态度，因为电话机的生产需要掌握无可争辩的技术能力：天线设计、无限定协议、标准及其调节和知识产权。在容易使用的设备里去掩盖这一切复杂制造过程，还需要掌握人们的使用习惯和人体工程学。毕竟，诺基亚不是发明了最重要的滚动键（Navi™）吗？那个屏幕下、面板中央的大白键的功能随手机使用的语境而变化，不是诺基亚发明的吗？姑且不论诸家制造商的惊人技艺使手机小型化的成就。索尼爱立信在手机小型化中领头，其手机必不可少的自主性尤其突出，它一个星期都不用再充电。手机的制造还需要相当好的营销知识和生产工艺：设计手机续航里程以适应消费者群体的财力、偏好和使用习惯，预测销量，生产数千万部并确保每一市场的定制化（语言和运营商），绝不可能是"拍脑袋"的即兴工程。苹果只不过是一个利己的计算机制造商，发明了一台继承了随身听的 iPhone，成功进入便携式电子设备市场。2007 年，iPhone 只发布了一种型号，因价格太贵，尚不能吸引一般消费者购买；它只有一个运营商，一个市场，不是 3G 设备，自主性遭人讥笑：要么是因为苹果公司不知道如何直达消费者，要么是因为它还没有财力。移动电话业务是一项务实的业务。

2007 年，诺基亚手机销售排名世界第一，市场占有率 40%。三星排名第二，占 20%。手机市场以两位数的速度增长，任何 MBA 学生都认识诺基亚的 BCG 矩阵布局[1]。诺基亚是耀眼的明星，产业意义上和战略意义上的明星。

---

1. BCG 矩阵（BCG Matrix）是一个产品和公司组合的战略定位工具，在市场份额和市场增长两根轴上分割。这个矩阵决定三个类别，包括：领导地位、两倍于第二名的市场份额和两位数速度增长的市场。诺基亚的明星地位几乎被视为坚不可摧……

这家芬兰企业因战略预见而著名。自 1865 年起，这家企业先后制造纸浆、橡胶靴、皮靴、电视机和 PC 兼容计算机。1992 年，它以战略决策剥离其他业务，专注婴儿期的移动电信。市场所需的是一种很贵的电话机，由一位电信业不合法的玩家制造；另一位合法的玩家加入他的行列，把操作系统和终端分离开来。这个玩家就是谷歌，它开发了撒手锏产品——安卓操作系统。从 1992 年到 2007 年的十六年时间里，诺基亚从怀疑走向失败，没有任何战略。2010 年，它以 80 亿欧元收购了 Navteq 映射服务，这为它带来了灾难，业务并没有任何起色；它用微软的前 CEO 取代了自己的 CEO，也没有任何改变。2011 年，这位新上任的 CEO 发布了一个与微软合作的备忘录，有意推动苦苦挣扎的 Windows Mobile 操作系统，特别想让诺基亚手机摆脱谷歌安卓操作系统的诱惑，但这一切毫无效果。

2014 年 1 月，诺基亚以 50 亿欧元把自己的移动通信业务出售给微软。2016 年 5 月，微软裁掉移动通信部门的 1 850 员工，将"九键"业务和它持有的诺基亚业务出售给中国台湾的富士康。在十年的时间里，诺基亚在其中七年都是独立公司，作为世界制造商的诺基亚就消失了。在这十年间，苹果公司销售了 10 亿多部智能手机，手机成了它的旗舰产品，成为最赚钱的业务：2007 年 6 月推出后的十年里，iPhone 累计产生了 1 650 亿欧元的收入，苹果公司市值 1 000 亿美元（1999 年市值的 10 倍）。十年后，苹果成为第一家市值超过 10 000 亿美元的上市公司，二十一个星期之后，就在 2020 年 3 月股市崩盘之前，它的市值又翻了一倍……是路易威登集团（LVMH）或法国 CAC40 股价指数 30% 的总和。在本书付梓的此刻，苹果公司的市值已达到 30000 亿美元。

苹果和谷歌电闪雷鸣的胜利深深震撼了它界定的整个产业。只不过几年，移动产业的震中就从欧洲大陆转移到硅谷这块弹丸之地；它形如一根舌头，70 千米长，夹在一个小海湾和大西洋之间，带来了开发商、网络服务以及相关的技能。当然，亚洲也进入舞场，韩国牵头，中国跟上，觉醒并等候印度有一天的到来。实际上印度已成为整个电子业的加工车间：你知道如何为他人加工时，你学会如何为自己干活。

然而，若要弄懂这一场黑屏闪电战（black screen blitzkrieg），你还需要回头去了解智能手机孕育和到来的历史，去理解人们当初判断的错误。电信和计算机两个世界的分裂，或者更准确地说两者的撕裂在幕后展开已有多年。信息技术文化对用户界面及其设计怀有浓厚的兴趣。两种文化的冲突在深层和表面发生。自 1995 年起，阿兰·罗斯曼（Alain Rossmann）的 EO 项目、IBM 的 Simon 手机和加利福尼亚运营商 Metricom 的 Ricochet 电子邮件服务接踵而起。如果说苹果的牛顿掌上电脑完成了这个"古生代"的动物学，而你拥抱这个谱系时就不能不提及 Palm 公司、Danger 公司和黑莓公司的 RIM 手机。Palm 意外的历史和 Danger 的架构选择一样有趣，和 RIM 机的牺牲一样有趣，尤其是因为微软离它们都不远。

掌上电脑 Palm Pilot 小巧、轻便、自主，总之很有实用性。一个托架让它能充电，能与计算机同步。它提供了组织者的基本功能：通信录、日历、任务和记事本，易于访问。但这款机器在其用途背后淡出了。它"社交性"略强，在会议上很吃香，能用红外传递名片给任何兼容的机器，特别是传给另一台 Palm Pilot。但其设计者的天才寓于用户界面的特性，结果是多重利益的微妙仲裁：潦草笔迹的识别。其"涂鸦"（Graffiti）只需极少工夫的学习，它提供的界面供简单"笔画"的输入，每一笔代表一个字母。笔画容易学，实施快，软件系统使语词容易完成：打字快，无歧义，因为它和使用者潦草的笔迹没有关系。书写只需一个很小的和屏幕分离的录入区。不会因为延误或错误识别而让使用者感到失望——谁没有遭遇过机器或扫描件的文字错误呢？这是 Palm Pilot 相比牛顿掌上电脑的竞争优势，牛顿机识别文字的能力很一般，使用者和批评人的接受度都不温不火。特别重要的是，Palm Pilot 这个方法需要较少的计算力，能耗较少，为同样的自主性而留下的足迹较小。界面设计对产品本身的设计、可接受性和经济方程式的妥协产生影响——Palm Pilot 的"涂鸦"输入法就是一个引人注目的例证。再加上 HotSync 软件，Palm Pilot 就集成进入用户的计算机环境里，它的决胜菜单就完整了。

相比其产品 Pilot，Palm 公司的故事要简单得多。公司 1992 年由模式识别专家杰夫·霍金斯（Jeff Hawkins）创建，交给唐娜·杜宾斯基（Donna Dubinksy）管理，被调制解调器制造商 USRobotics 收购，USRobotics 又被 3Com[1] 公司收购。1997 年 6 月，3Com 公司发现，Palm 公司是总公司的一部分，于是就决定让它成为一个独立的子公司。1998 年，霍金斯和杜宾斯基推出 Handspring，与 Palm 公司

---

1. 3Com 公司是网络设备制造商，与思科（Cisco）公司竞争，创建者之一的鲍勃·梅特卡夫（Bob Metcalfe）是以太网的发明人。3Com 公司的 CEO 是硅谷著名的法国人 Eric Benhamou。

竞争。遵循当时很流行的逻辑，Palm 公司分为生产硬件的 PalmOne 和开发软件的 PalmSource。PalmSource 提供经 Handspring 授权的软件服务。2003 年，这两家公司又合并为一家 Palm 公司，合并后的 Palm 公司被惠普公司收购，然后又被卖给韩国的 LG 公司。LG 公司对 PalmOne 开发的操作系统 WebOS 感兴趣，WebOS 很大程度上基于超文本语言 HTML5。但 PalmSource 遵循的是一个迥然不同的轨迹，其 PalmOS 操作系统难以抗衡微软的操作系统 Windows Mobile。2005 年底，PalmOS 被日本公司 ACCESS 以 3.2 亿美元收购。这家东京公司是移动设备和机顶盒领域无可争辩的领袖：其 CEO 神田山发明了简明版超文本语言 cHTML。超文本语言 cHTML 是日本互联网 i 模式标准的核心，这是运营商 DoCoMo 部署的标准。ACCESS 的目标是超越浏览器而提供完整的操作系统：ACCESS Linux Platform 由三星和奥兰治共同开发，旨在授权给智能手机制造商，但 ACCESS 这个平台难以抗衡谷歌及其"免费"的安卓许可证。

掌上电脑这个界别的达尔文主义进化过程产出了其他袖珍机器，但这些机器都朝生暮死。安迪·鲁宾（Andy Rubin）创建的 Danger 公司推出 Sidekick，这款手机利用网络中的网关将无线电传输的数据流减少到最小值。有一段时间，Sidekick 诱惑了美国的跨国移动电话运营商 T-Mobile，但鲁宾又启动了下一个项目：为智能手机制造商研制一个开源操作系统，因此安卓应运而生。

微软不甘被超越，它推出 PocketPC 版，促成这款手机与 Windows 操作系统和办公室软件的兼容，PocketPC 得到硬件制造商的支持，这就是总部在得克萨斯州的著名计算机公司康柏（Compaq）。微软忠于围绕操作系统组织的愿景，覆盖办公室和家用的领域，坚持家用和办公室用的互通，即移动通信。然而，它用 Windows Mobile 操作系统在智能手机领域复制其研究手法的努力失败了。微软在中国台湾生产的 HTC 手机（获法国奥兰治公司力挺）上的尝试未能成功：HTC 手机启动耗时超过一分钟，蜂窝网络连接让它的电池不堪重负。这次测试证明，Windows Mobile 操作系统无法保持清醒状态。

黑莓手机从另一条路线参战。1984 年，这家公司创建于加拿大安大略省滑铁卢市，名为 RIM（Research In Motion），专攻无线数据通信服务：起先是通知（寻呼），稍后是双向短信，最后是电子邮件。它曾经开发适应它服务的终端，1998 年成功推出商用的 RIM950 手机，其键盘可容两个拇指输录电子邮件，这款手机次年更名为黑莓，许多公司采用黑莓，因为 RIM 依靠的 Mobitex 网络安全可靠。黑莓自主性强，红遍华尔街和主要的金融机构，一时风头无两，黑莓热逐渐传入白领人群。他们发现自己有了两个黑莓终端：一个说话，一个书写，无论这部黑莓是老板提供的还是自己掏腰包买的。两台机器，两个充电器，两种用途。RIM 公司尝试升级其黑莓手机，选用彩屏，增加性能，但结果却大大缩短了电池寿命。与此同时，曾经因其人体工程学而被人称道的手机键盘继续占据它半个面板。黑莓"黑色屏幕"的转型失败了。

移动通信的世界把运营商和终端制造商团聚在一面旗帜下，梦想围绕语音的融合：手机成为多媒体。为此目的，网络必须要时常进行调整，起初网速不够快，同时其互操作性和无所不在性则必须要得到维持。一方面，网络和终端的运营商与制造商都在短信标准上下功夫——试图复制 20 世纪 80 年代末一个偶然协议生成的摇钱树——这个短信标准要容许图像和视频从一个网络传送到另一个网络，从地球一端传送到地球的另一端。这就是缓慢浮现的短信标准。制定标准的尝试在几年内展开，直到新一代的通信协议"丰富的通信服务"（Rich Communication Services）。另一方面，英语世界梦想围绕数据的融合，支持在 IP 协议之上的多种服务：假设数据速率充足，延迟可接受，本地处理能力足够，一切成为可能。如此，智能手机就替代了二十年前出现的十多种产品：随身听、数码相机、寻呼机、口袋整理器（pocket organizer）、电子阅读器、手电筒、录音机、闹钟、摄像机、闹钟、收音机……可替代计算机的多种用途，甚至做到幻灯投影或视频编辑。当然还不能忘记没有天线的电视机和双向的电视机……还包括这一切产品里的语音吗？语音成为一个简单的"应用软件"，和任何其他 app 一样，这是一个多色背景上的绿色图标，聚集了运营商不能为之的几种功能（技术或监管使它们不能为之）。今天的智能手机上至少有五六种应用软件，它们使我们能呼叫他人的智能手机（Skype, Viber, WhatsApp, Facebook Messenger, Telegram, WeChat……更不用说它们在商业上的对应体了），还有一些应用软件使我们能看见打来电话的人：2020 年的大流行病使这些终极用途成倍增加。

因此，2007 年开始出现的手机黑色面板是一次大灭绝事件，标志着移动通信第二个时代的终结，终端的形式因子和性能的多样性急剧减少。掀盖式手机消失了，屏幕水平旋转，摄像头在铰链里或键盘里，键盘缩回：只剩下玻璃和金属的矩形，边缘圆润。从前面看，智能手机关机后只能从尺寸大小上区分，很难从其前置摄像头的位置和屏幕上端偶尔可见的缺口来区分。现在，智能手机对自己身份的宣示放在背板上，更准确地说是放在摄像头上：最新款的智能手机有 3 个以上甚至 7 个镜头。所以智能手机制造商的广告都集中宣扬这样的多种性能和处理能力；通过软件，它使你的照片不像"拍摄"的。在几毫秒的时间里，你的形象就被反复计算并优化了千百万次。人工智能把我们转化为业余的摄影生手，我们却认为自己很专业。

如果说手机寓言故事里物种数量的残忍剧减导致一个"物种"战胜其他物种，致使那些"史前"的玩家灭绝殆尽，包括那支"暴龙"诺基亚，这个残忍的淘汰故事同时又使成群的新玩家在东方登场。在苹果公司和"铁板一块"的 iPhone 阴影下，其他的天使出现了，它们要进入像熟透苹果一样的市场，成为本地或全球的巨人。三星和之后的华为、小米、Oppo、OnePlus 起初依靠谷歌发布的安卓操作系统，从其落地中国的制造流程学习。这些新人表现出令人震惊的能力，他们迅速在技术工艺上追赶。于是，在肉眼可见的区别性成分即摄像头上，性能最好的是中国人的装备，按照 DxOMark 行业标准的得分来看，他们的摄像头千真万确是最好的。2020 年 11 月 iPhone 12 Pro Max 仅排行第四，掉在两款华为智能手机和一款小米手机之后，在镜头性能上如此，在屏幕或音频上也是如此。根据 DxOMark 公司 [1] 首席执行官兼首席技术官弗雷德里克·吉夏尔

---

1. 十多年来，DxOMark 公司在检测并发布行业评分和标准，在几个测试台上进行客观可见的检测。DxOMark 是一家开发公司，见 https://www.dxomark.com。

（Frédéric Guichard）的说法，苹果和谷歌都不可能在短时间里追赶上了。

　　如此，手机黑色面板的革命就这样在产业里深度上演，在宏大规模上展开，欧洲人、美国人和中国人的大陆板块冲撞了。然而诡异的是，战斗在表面上展开，手机的外套在这里终结，用户的注意力却在这里开始。用户界面是一个非常矛盾的概念。用户界面是多面的又是无形的，既是我们看到的，又是我们隐藏的；用户界面是我们访问任何数字服务所经历的过程，这个访问过程是复杂的，有时还拘束我们的好奇心。虽然强加了诸多约束，用户界面就是光纤的可能性，就是通向自由的一种形式。但你必须要适应它，遵守其规则，才能去访问一个更大的宇宙空间。用户界面会变，有时剧变，因为硅谷几个工程师决定什么对你最好时，他们相信反正你会习惯的，他们相信反正你不知道自己想要什么……以必需的简单性的名义、以通用调节的名义，用户界面越是被遗忘，它就越是"侵犯"你、不知不觉地修正你的行为：被发明出来描绘和掩盖这一现象的准技术词语是"渗透"，"渗透"的确不像"侵犯"那样可怕。

　　2002 年的反乌托邦电影《少数派报告》（*Minority Report*）发行五年以后，人机界面未来发展的几种表征开始成型 [1]。比如约翰·安德科夫勒（John Underkoffler）为导演史蒂文·斯皮尔伯格（Steven Spielberg）想象的手势语法就指明了方向。虽然它是为巨

---

1. https://vimeo.com/49216050

大屏幕上的遥控交互设计的，需要戴手套以增加每根手指头、每个指骨的空间位置，但这种手势语法很快就生成洛杉矶的奥布朗工业园，把一个可信而连贯的幻想概念成功转化为一种功能技术了[1]。人机界面通过手势转化令人目眩的展示开始了，始于2013年4月iPhone的发布，止于iPad的问世：屏幕成了我们既看又触摸的界面，其语法是用一根以上的手指头，其功能是挑选、扫描、缩放等交互。"数字"终于有了它完整的含义。这一手势语法的"魔力"是它成为自然和清晰功能的速度，几乎让三岁小孩到百岁老人的任何人都会立即用上它。越显得天然，手势语法就越能重新界定人的行为。和手势语法被采纳的速度相伴一生的是一种谨慎的不可逆性，2011年拍摄的一段视频[2]显示了这个道理。让-路易斯·康斯坦扎（Jean-Louis Constanza）拍摄他一岁女儿浏览iPad的情况，女儿尝试给一份周报翻页，不耐烦，生气了。康斯坦扎于是说："杂志就是不工作的iPad。"他又说：界面能给我们的行为重新编码，我们大脑皮层的重新配置能够在小儿发育过程中极早发生[3]。

几乎同时在美国流传着一个类似的故事。一位父亲买了一台巨屏的平板电视，将其装在地下室，非常得意。他向全家人解释，这是一件大礼。四岁的女儿一颠一颠地走到屏幕跟前，电视正在播《辛普森一家》（*Simpsons is playing*），她用小手在屏幕上抹来抹去，

1. https://youtu.be/bOObaMjoJBw
2. 这段视频已经被观看了500万次，见 https://youtu.be/aXV-yaFmQNk。
3. https://youtu.be/aXV-yaFmQNk

挥舞小手，越来越气，转过身来，厌恶地对她的英雄爸爸说："爹地，电视坏了！"由此可见，界面是一个地方或几个地方，几种感觉同时用上，一切展开了：我们对数字世界的感知，我们与服务的关系，与使用者的关系被征服，问题和需求的解决，后续需求和问题的产生。在更大的范围上，界面是重大技术投资、智能大动员和知识产权大斗争的主题。有些时候，手机上三根指头的手势语法比装饰它们的铃声更有价值。

索尼爱立信的 T68i 手机的屏幕小如邮票，它入侵我们的手掌和起居室，边缘无棱角。它可以触摸使用，是我们观望世界的重要窗口，分辨率令人目眩的快速增长使其图像更加逼真。从 1990 年代到 2007 年，我们都可以肉眼区分那小方块的像素，其分辨率每英寸 71 点。2010 年，屏幕的密度使小方块消失。黑色的深度和动态的反差使影像越来越逼真，仿佛触手可及；手指触摸就可以完成图像的显示。

2007 年，偕同触摸的完善，另一种触觉语法出现，这就是初始非常粗糙的震动。智能手机之前，手机的震动器使人能在静音的情况下"感觉"到呼叫，随后有其他的震动出现，尤其表现在界面回馈中。触摸是第一步，显示触摸的目标是强化感觉，各种震动的到来充分表达了"触觉"的意义。今天，这种震动语法已部署到智能手机之外，尤其在联网的腕表里了。交互还用上了另一种感觉即听觉。同样，一系列明显的小噪音部署在这里，向佩戴者显示正在发生什么，或确认已经发生什么；佩戴者甚至不必看表就知道有事情发生。通过我们的智能手机，铃声、低语、点击声、呼吸声都在加强我们的数字生活。

接着到来的是听觉的交互即说话。机载计算能力和永久的连接使人终于能迈出新的一步：机器开始说话，我们回应它说话。早在1989年，我们就在梦想从言语到文本、从文本到言语的转换。IBM为其失明的员工开发界面。1994年，斯坦福实验室研制出语音交互平台 Nuance，MIT 就开发了语音处理系统 SpeechWorks。1995年，比利时的 Lernout & Hauspie 公司在纳斯达克上市，其所在地伊普尔成为弗兰德斯语言谷的骄傲。2000年8月，美法合资的 CNET Lannion 公司催生了 Telisma 公司。计算力逐渐丰裕，人机语音会话的前景趋近光明。由此生成的一切专业技术知识逐渐累积浓缩，有越来越丰裕的数据喂养。这样的数据越来越容易访问，因为障碍降低，顾客在服务部常听到这样的提醒，您的会话"可能因为改进我们的服务而被录音"。2001年12月，字符识别巨头 ScanSoft 收购 Lernout & Hauspie 公司的技术，从文本转向语音；ScanSoft 是施乐公司的衍生公司，雷·库兹韦尔1980年曾将自己的公司和专利卖给 ScanSoft。2003年，加利福尼亚的 Nuance 公司以1.32亿美元收购了它在东海岸的竞争对手 SpeechWorks。2005年，ScanSoft 以几乎双倍的代价与 Nuance 合并，Nuance 维持原有的名字不变。这家"新"Nuance 继续疯狂地收购，2010年它收购了富有争议的 SpinVox，2021年2月它却被微软收购，美国技术的主导地位明确无误地得到确认。这是微软2016年以260亿美元收购 LinkedIn 之后的第二笔最贵的收购（将近200亿美元）。最重要的是，这是微软巨人的语音交互领域万丈雄心的标志，微软的雄心始于十年前对

Skype 的收购 [1]。

　　我们在上文对这个课题上握有许多专利的雷·库兹韦尔表达了敬意，他做出了划时代的基础贡献。他的成就被确认，天才和疯狂常携手并进。这预示了出乎意料的海量数据喂养，人工智能将因此而实现伟大的飞跃，无论这些数据是文本的数据或与文本结合的录音数据。这就是为什么谷歌很早就能用数据"喂养"其自动翻译和转录服务，它仰仗微软自己内存的数据（比如电子邮件的文本、图像和声像的油管视频），也利用外部的数据。对机器翻译引擎的最伟大贡献者之一是欧洲公开发布的监管文本，包括欧洲监管机构的立法和指令文本，尤其是欧洲委员会的文本。这些文本同步翻译成欧盟的大多数语言，经常发布数以千计的文件提供免费而珍贵的材料，让类似运行机制的一切系统同步翻译：如今的巴别塔[2]在布鲁塞尔。

　　这个圆环闭合成功了。电话曾经被用于说话，如今你对着你的

---

1. 即时通信软件 Skype 是瑞典 - 丹麦 - 爱沙尼亚的"三驾马车"之一，2003 年研制，结合"免费"电话和去集中化的"点对点"的基础设施，这个基础设施源于盗版音乐平台卡扎（Kazaa）。千百万互联网用户用 Skype 进行国际交流，利用其"语音先于 IP"的性质，依靠互联网用户的订购费及其计算机资源。2005 年被 eBay 收购，2009年部分出售给基金，两年后被微软以 850 亿美元收购。自 2012 年 5 月起，Skype 由微软运营的超级节点驱动。2013 年揭露的信息显示，微软授权情报机构访问这些节点，允许它们利用这些通信内容。自 2017 年起，Skype 不再是"点对点"的设施，它由 Azure 平台上的集中化服务运行。

2. 巴别塔（Tower of Babel），亚当及其子孙最初只说一种语言，挪亚的后裔决心建造一座通天塔（也就是巴别塔）。起初，他们的语言统一、交际顺当，工程进展顺利。上帝的万能权威受到挑战，怕世人说同一种语言而无法控制，遂让他们说各种不同的语言。由于语言不同而无法协调工作，通天塔以失败告终。——译者注

手机说话。不久（虽然那承诺继续被推迟，微软还是在 2016 年宣告 Skype 翻译器[1] 问世），不久我们就能对任何不懂我们语言的人说话了。视觉、触觉、震觉甚至言语集于一身：我们的感觉更加集中于一个边缘圆润的小矩形体，它重约 135 克，越来越多地待在我们身边，通用性强，不可或缺。所有的感官都被用上、智能组合为所谓的触觉学（haptics），在一个玻璃和金属制造的手机里实现了，技艺高超，匠心独运。手机蔚为壮观地快速扩散无疑是世界上分布最广的技术物品：手机每年的销售量是计算机的三倍。它装上了多种传感器、摄像头、麦克风、加速度计、GPS、罗盘等，使人越来越想去触摸圣杯了。换句话说，使用者容易在使用的语境中理解事物了。

索尼爱立信在 2003 年预计，"可用脑时间"（available brain time）已被微时刻饱和：问题不再是引起用户的注意，而是如何聪明地引起他们注意，换句话说，那就是要变得与问题相关。相关意义是用户界面相干性的积木块之一。用户交流的一致性还在时间的流逝中构建，在几代机器的接续中建成：诺基亚发明了滚动键和语境的菜单，预见到用户界面的一致性，但这还不够。与之类似，短信对会话的再现：苹果强力推行语音短信并要运营商接受这样的非时间顺序咨询，造成了智能手机用户界面的两大进步，使移动世界和电脑世界的会话体验协调起来了。

当然我们在这里又见证了一种碎片化的形式，各色信息传递的

1. https://www.neowin.net/news/microsoft-is-discontinuing-the-skype-translator-bot/

世界扩大了。谁不曾纳闷地自问，上一次与他人的会话是在哪里发生的呢？短信（SMS）、什么（WhatsApp）、信使（Messenger）、微信（WeChat）、电报（Telegram），快照（Snap）等等。这一切交流的方式都成了筒仓式的容器，都涉及相同的会话。Adium 这样的即时通信软件试图呈现一个统一的界面，用触觉分类；但由于专有创新的激增，再加上音频和视频的激增，这些整合的界面崩解了。至少，在这些应用程序里搜索来电人时，你总是有望找到上一次会话的，但每一个交流筒仓都是紧锁大门、彼此隔绝的。

几年的时间里，手机屏幕的到来就把电信运营商降格为连接提供商和智能手机分销商。手机面板还确定了软件和界面用户体验关键的差异化因素。摄像头是技术快速进步最明显的元素，引发了误用。没有人预测到短信在消费者使用中的爆炸式增长；同样，自拍作为前置摄像头主要用途的到来，专用自拍杆市场的应运而生，让许多玩家感到惊讶，尤其是在西方。手机面板最终摧毁了手机的独特之处，你不再在任何地方用手机打电话了。上网速度的增加始于3G 的部署。4G 到来后，上网速度更快了，一般公众可访问的入门级套餐的数据量也增加了。4G 标准还引进了另一个特征：语音不再被视为一个分离的通信频道，它还迁移到 IP 协议里了。

总之，像其他任何资源一样，语音成了数据，连接互联网的任何机器都能"发声"了。

本章思考题

总之……你呢？

把整整一个产业带入硅谷令人吃惊地花了七年。iPhone 的推出重新界定了一个产品的类别，"蜂窝手机"变成了"智能手机"。

美国一家计算机制造商和搜索引擎开发商强势推出智能手机，智能手机接入互联网，具有音乐、图片、通话和电子邮件功能。

如果功能得到完美的执行，有时在一定的延迟下去集成功能可能会更好，你会因延迟而被人抱怨，但那是暂时的，很快会被人遗忘。相反，设计的错误就难以得到宽恕。"复制和粘贴"功能在苹果初版操作系统 iOS 里的缺失就是一个例子。

这些产品的孕育是在摩尔定律路径上花了十五年试错的结果。

互联网完成了访问和服务的解耦，固定通信和移动通信都是这样的。

在计算机产业里，移动操作系统与底层硬件的连接有两种模式并存。苹果一直忠于这样的集成，微软未能复制其"Windows 高于一切"的战略，所以落在谷歌及其安卓系统的后头。

运营商的角色已沦为单纯的承运人和分销商。谷歌和三星强制推行分销、售价控制、广告甚至一些运营的界面比如语音邮件。

第七章
—

从操作系统到
系统的运行

2009 年 5 月 11 日，英格兰诺福克郡诺里奇站。约翰·里德（John Read）停下来，打开他六英尺长路特斯跑车的车门，让我上车。他狡黠地看了看我的行李，放进他那小巧的行李箱，向东英吉利大学驶去。沿途的景观是草地、牛群和中世纪尖塔。我是人眼保真技术公司 imSense 的首席执行官。

东英吉利大学成立于 1963 年，起初以文科和农学闻名。不大的影像学部由格雷厄姆·芬莱森（Graham Finlayson）主持，是该校学术风景的一大特征，吸收了学校多半的知识产权预算。芬莱森教授掌管这个小小的王国，他想以学术成就获利，其成功的物质体现是十余项专利。他创办了一家公司，集合了东英吉利大学（重视它资助的专利）、英国国家彩票出资的公共基金会 NESTA 和剑桥投资基金 IQ Capital 的投资。创办的进展顺利，由英国电子产业的老手艾伦·安德森牵头。imSense 公司的交易达成后，人人都问艾伦他的首任首席执行官有何决定。他对我说："我们不谈这件事。我活得不错，60 岁，宁可平平静静地退休，打高尔夫。但我会帮衬几年，我同意每周为 imSense 工作一天。"约翰·里德，这个英国人思想开明，立即开始寻找首席执行官，之后他选定了两个法国人。

人眼保真技术公司（imSense）及其被苹果收购的历史已有相当

详细的记述，有兴趣的读者很容易找到这个课题上的文章或播客。2009 年在蒙特雷的"成像技术之未来"会议上，imSense 公司及其眼睛成像高保真技术的报告呈现了一些案例，包括在法国吉维尼拍摄一朵花的影像，以及应伊夫·法鲁贾请求为他快速处理这个影像的过程[1]。重要的是这里的环境。虽然遭遇金融危机，2009 年新兴的智能手机市场还是增长了 24%。诺基亚及其 Symbian OS 操作系统还占有近半的市场，是黑莓 RIM 操作系统占有率的两倍多；因此，波士顿咨询集团著名的矩阵分析在总值和单位价值上都适用于这个巨大的全球市场的总价值和单位价值。iPhone 的出货量位居全球第三，即使它已达苹果公司收入的一半，却只占 15% 的市场份额。Linux 移动操作系统位居第四，Android 操作系统位居第五，尚未突破 5% 的障壁。当然，硬件仍然在发挥作用，但手机的外观已开始抹掉厂家外部标志，前置的按钮逐渐消失，支持一层全屏幕。智能手机正在结合越来越多的功能和传感器。这一切都必须精心编排，反应灵敏而流畅，以管理连接和储存内容：音乐和照片、浏览网页的储存、收到的电子邮件。这不仅需要微处理器的算力，而且需要一个操作系统去充分利用储存的内容。主要的束缚是电池的自主性，它受到手机体积的限制。

　　"操作系统"一语集成了保障数字手机正常运行的一切功能和

---

1. 伊夫·法鲁贾（Yves Faroudja）是数字视频世界中一个非常谨慎的人物，功绩显赫。在法国普瓦提埃效力时，他试图抵制日本人的录像机，但以失败告终。他把自己改善了影像的系统卖给日本制造商，获得了成功。他又成功开发了格式变换器，把模拟式电视转化为数字电视，然后又研制出放大器，获得了专利，把许可证卖给录像机链上所有开发商。2002 年，他把公司卖给 Sage。几年后，他又创建了一个视频压缩公司，旨在缩小带宽，顺利通过固定的或可移动的低速链路传输。

服务，尤其通过界面保障从低到高实现了所有功能层级的连接。我们发现了这样的图式：

1. 处理器的管理：供电、检测和温度的维持。

2. 有限资源如何在流程和应用程序上分配，其分配的永久仲裁和优先管理能力，尤其是屏幕上的流程和展示能力的管理问题。

3. 阶梯式内存的访问[1]。

4. 连接和数据"总线"的管理，容许给手机追加内存容量、显示、打印以及其他专门化的扩展。

5. 音频和视频的输入输出问题，更准确地说，确保这些子系统组件的控制问题。

6. 有线或无线网络接口，以确保附近（蓝牙）、局域网（以太网、Wi-Fi）上的连接，借以连接互联网（IP，传输控制协议，超文本传输协议、Web 实时通信协议）的问题。

7. 至于手机，还必须加上无线电管理：带用户识别 SIM 卡的界面，无论实体的 SIM 卡或虚拟的 eSIM 卡。容许手机里一个安全的区域被用来安装第二张 SIM 卡。

8. 文件系统：信息块的排列（货架的标识），文件结构（能分布在几个不相邻的货架上，预设一个组合货架的方法），对文件访问、索引、维护等的管理。

9. 各种组件：加密，流程、进程优先级的编排、更新、安

---

1. 阶梯式内存有："高速缓存存储器"（"cache" memories）第一、二级，随机存取存储器（RAM），内存和外存：硬盘、软盘、可移动磁盘、稍后出现的 U 盘和存储卡。就计算机而言，还可以加上只读光盘和 DVD 光盘。这是存量与流量之间仲裁的问题。

全性。

10. 用户界面本身：不同应用间显示、排版（字体）、语境、按钮和导航节点的管理。总之，为这些应用及其编排提供服务的一切。这是操作系统可见的部分，通过强加第三方开发者的限制，确保用户学习和使用手机界面的舒适度，确保手机运行的一致性。

一定程度上，界面掩盖其余的一切，就像引擎盖和仪表板只是在表面上描绘汽车复杂得多的现实情况一样。在极端情况下，在显示有限和使用语法减少得非常受限的环境中，操作系统几乎是不可见的，仿佛手机是一个封闭的机械装置，或是围绕一个更复杂系统的被动运转的卫星。iPod式便携音乐播放器可能有一个操作系统的想法有点不协调。然而，手机彻底改变了一个并非它发明的类别，它组合了两个操作系统，外部参考设计（便携式播放器）的低层级管理，以及分包给另一个供应商（PixoOS）的系统就这样被手机结合起来了。2007年，1亿台iPod的售出以后，曾经不为公众所知的PixoOS就成为最广泛但最严谨的操作系统了。

手机逐渐改变了这样的情况，其功能越来越丰富，越来越复杂。于是，它可能不再单打独斗，包揽一切。外部组件的增加意味着手机具有托管并整合这些组建的能力，即使制造商希望保持对用户交互的控制，即使他们不得不与运营商进行谈判，因为运营商想要强加其主屏幕控制。智能手机的老祖宗得到一个先例的启示；这个启示不是来自"电信"的血统，而是来自计算机和PC世界。在PC世界里，除了组建的编排外，操作系统首先是能运行程序的环境，它给程序提供了一个抽象的层级。这就使程序开发者专注程序本身，他们不必重写某些"共同的"程序，正是因为这些"共同的"东西已经被其他程序用上了。反过来，这些程序服务操作系统并使之合理化，成为标准化的一部分。操作系统越是标准化，它就越成为开发商得心应手的工具，越成为开发商向更多用户分销应用程序的机会。因此，开发商同意适应不断进化的操作系统强加于他们的限制：允诺程序性能的增加和开发工作的简化；有一段时间，操作系统发布者成为博弈的大师。最具象征意义的 Windows 成为微软的摇钱树，在桌面计算系统上压倒一切，没有对手，接着又涉足个人电脑的计算长达二十五年。为确立一个操作系统的主导地位，必需的条件是围绕它汇集一大批重要的开发商，操作系统要向开发商允诺：

1. 有经济利益，需要一个适应他们需要的开发环境；

2. 有一个用户群，达到足以构成一个盈利的市场；

3. 有一个路线图，既清晰可见，又富有挑战；

4. 有一个创建者体现的公司，该公司要能分享开发商的文化。

允诺创造软件价值，借以生成共享的价值：这是操作系统的咒语。像其他任何咒语一样，操作系统的咒语也必须要反反复复地念诵，要用力宣示，这就生成了让传统西方公司 CEO 不懂的一番风景：微软 CEO 史蒂夫·鲍尔默（Steve Ballmer）跳起疯狂的"猴子舞"[1]，口中念念有词"开发人，开发人，开发人……"

如此，操作系统就成为平衡和控制的焦点，给硬件和应用程序

---

1. https://youtu.be/dbCmnRztK1Y

留下足够的自由度和差异化。但这样的平衡在应用程序那一侧相当脆弱；微软自己进入应用程序领域、进入它认为有利可图的每一个细分市场后，它就成为软件开发商的竞争者，硬件和软件平衡的脆弱性就显而易见了。如此，微软就有了相当的优势，它对整个底层系统及其进化就有了更好的控制，它预先就留了这一手。它在软件价值链中游占据准垄断地位，这使它能向下游移动。有观察者对微软的路径做了这样的总结：微软真正的操作系统不是 Windows，而是它的办公软件 Office（Word, Excel, PowerPoint 等）。办公软件市场的锁定来自 Office 软件的优良品质及其对公司需求的适用性，也来自生成和分享文件的专用格式。若要在 1998 年创建一个文档 ".doc"，除了用 Word 软件外，是没有其他方法的。对软件兼容性的掌握和控制使微软很快就在竞争中占据上风，它成了从办公室软件丛林中胜出的大赢家，淘汰了一切可构成威胁的软件[1]。互联网有望打开的开放世界还很遥远。"封闭的"格式胜出，软件的兼容性优先，性能、优雅、简洁退居其次。在《虚拟空间的陷阱》（*Trap in Cyberspace*）一文里，法国国家信息与自动化研究院的教授罗伯托·迪·科斯莫（Roberto Di Cosmo）批判这样的垄断，痛快淋漓，既是警告引起共鸣，又是免费软件的宣言书[2]。微软侵入其他领域并不是他如此批判的理由。微软入侵办公室自动化之外的其他领域不那么成功：更具创新性、较少过程导向角度的软件

---

1. 排版软件 PageWriter、Corel 公司的平面设计软件等都很受伤。不过，有时它们还是被认为是设计较好、较完善、较强、较优雅的软件。

2. https://www.dicosmo.org/Piege/cybersnare/piege.html

   https://www.softwareheritage.org/

   https://www.inria-alumni.fr/roberto-di-cosmo-software-heritage/

无疑生成了更高的单位边际利润，但只抵达了比较小的用户基数；这些软件发布人是各自领域的专家，只有相当大的价值主张，坚持坚不可摧的立场。微软把平面设计和创新"市场"留给这些人数不多的玩家，他们逐渐被 Adobe 公司吸收或灭掉了。

比尔·盖茨的公司试图确立自己在新兴多媒体市场的重要地位，但未能成功。20 世纪 90 年代的计算机终于有了足够强大的力量去显示色彩，足够高的分辨率去处理音乐和视频；有了音乐和视频要求很高的算力和显示力。屏幕的增大和色彩的显示直接影响了图像数据的大小，此前的图像主要是黑白二色，用灰度级定义：将一个像素编码为 8 位（256 级灰度），而不是一个单色并乘以同一像素的内存。将同一像素编码为红绿蓝三色并乘以三是必要的空间：你就不得不压缩。压缩是单一的操作：在物理世界里，压缩操作是撤销"无用"、收紧"一切"成分的问题。在比特世界里，压缩问题描绘变化的成分以节省空间，代价是两次额外的操作。无损失的压缩完全不可逆，却节省 50% 的空间，适合一张 1.4 兆以上容量软盘上的任何软件：这是 PC 机上压缩软件 PKZip 的全盛期、Mac 机上压缩软件 StuffIt 的全盛期，具有一切可能的改进如自动解压，在一个压缩文件内植入一个减压模块，将整个内容打包为一个可执行文件（在 Windows 下），或一个应用程序（在 Mac 机上）。但图像的操作更细腻，需要许多应用的管理，在不同的机器上运行：有必要交换比字符序列大得多的文档，在相互竞争的操作系统之间运行。第一种图像压缩格式是图像交换格式 GIF，1987 年由线上服务公司 CompuServe 开发，它将颜色空间的巧妙管理与无损压缩算法（LZW）结合起来，无损压缩算法以其以色列 – 美国开发三人团命名，1984 年申请专利[1]。LZW 使几个图像用一个格式储存成为可能，还可以储存几个接续的图像；到 1989 年，进化后的 LZW 加上了宝贵的时间基准，把接续的图像视为视频序列的元素。由此可见，今天即时通信里很火的动漫的基础是 1989 年的多媒体标准：吉菲（Giphy）图像公司出现三十一年后被脸书以 4 亿美元收购。最适合摄影的图像格式是 JPEG[2]：基于一种非常独特的破坏性压缩范式，带一些"可接受损失"，允许图像容量缩小为原来的十分之一而其退化难以被觉察。在今日的世界，媒体生成和交换的 JPEG 文档将近十亿，有人同意用 JPEG2000 更新这个标准，但未能成功。至于双倍效率的 HEIC 格式是否能取代 JPEG 格式，我们还得等几年才知道：这将假设硬件能允许动态编码和解码，甚至传感器也具有这样的功能。

　　系统、应用和格式的平衡在二十世纪末已经确立：Wintel[3] 模式一路高歌猛进，在办公室自动化领域不可否认的成功了，在计算机容许更加个人化的用途上被复制了。然而，这些计算机准备进入人们的口袋和手掌时，Wintel 的垄断就要被颠覆了：这一挑战已经酝

---

1. 开发无损压缩算法（LZW）的以色列 – 美国三人团是 Abraham Lempel, Jacob Ziv, and Terry Welch。

2. JPEG，联合摄影专家组的首字母缩略词，既是一种图像文件格式，也是一种"有损"压缩方法。

3. Wintel 是一个缩略语，这个模式是英特尔（Intel）微处理器（硬件）和微软 Windows 操作系统（软件）的结合，称霸微型计算机和个人计算机世界，具备垄断地位且不与他人分享研究成果。

酿十年，两个最称职的敌手进场挑战。一个是音乐播放器，姑且不论其 1.5 亿美元的营收，它支持三种文件格式的播放，在全球获得了巨大的成功。1997 年，苹果跌落到最低点，微软对苹果 Mac 机的支持和维护逐渐减弱，微软的旗舰应用软件 Word、Excel 和 PowerPoint 对苹果的支持越来越少；虽然苹果 MacLinkPlus 和数据可视化分析平台 DataViz 的专用互译软件已经出现，但 MacLinkPlus 与竞争对手应用不完全兼容的文件格式依然存在。微软这三款旗舰产品在办公室自动化的大量使用足以放逐苹果的应用平台，因为苹果的操作系统不能进化并跟上硬件日益增长的性能和需求。苹果长期保留的创新领域正岌岌可危，其多媒体架构 QuickTime 也受到威胁。起初的威胁来自视窗媒介 Windows Media，视窗媒介来自英特尔的 AVI 格式（英特尔推进其处理器快速执行解码和维护这一格式的能力）。稍后的威胁来自它内部的格式 WMA 和 WMV。微软正在推进 Adobe 之类的"创新"软件发行商，使他们越来越多地投资苹果及其合作伙伴主导的用户集中的平台……雪上加霜的是，乔布斯的前任采取了灾难性的、开放的、类似于微软的战略，他出售 MacOS 操作系统的 7 张许可证，"克隆"出 PowerComputing 之类的制造商，市场和用户体验的碎片化随即开始，苹果 Macintosh 机的销量和利润亦随之下降。最后，苹果第七版的操作系统重量增加，不稳定性增多，扩展性荡然无存。苹果努力避免僵局：1994 年 3 月启动 Copland 项目，次年发布，它的目标是重新设计操作系统，让其具有微软 Windows NT 服务器具有的能力，保护每个应用程序的内存，或者同时运行多个应用程序而不会显著影响性能的能力。自 1984 年出生之日起，苹果 Macintosh 机的设计都是面向单一用户、单一任务，设计极简。但 Copland 越来越像是邻接技术的简单结合，从未达到对开发者预发布的稳定性。1996 年 8 月，苹果宣告终止 Copland 项目，它的操作系统 Mac8 和 Mac9 反而成为累赘。

于是，苹果就考虑一个不可想象的事情：一个外部的替代选择。太阳微系统公司的 Solaris 系统就成了选项之一，这个操作系统是 Unix 工作站和服务器的排头兵；甚至有谣言说苹果和太阳微系统公司将要合并。另一个选项是 Windows NT，有人提议与微软商讨。苹果一位前雇员也在被考虑之列，而且不是最后的选项：乔布斯 1985 年 9 月被"放逐"后，携手几位同事创建了 NeXT 电脑公司，准备为高等教育和软件研发培育一个强大的工作站。NeXT 电脑只售出了 5 万台，但它们被用于著名的开发研究，比如蒂姆·伯纳斯－李（Tim Berners–Lee）的第一款网络浏览器 [1]，又比如印刷排版软件（idSoftware）的末日游戏和地震游戏。1993 年，NeXT 电脑公司放弃硬件，重新聚焦开发 NeXTSTEP 操作系统。这个系统被移植到多种硬件架构上，比如英特尔的 PC、惠普的 RISC 平台和太阳微软系统的平台。随后，NeXT 公司又开发 OpenSTEP，这是一款应用层级，容许 NeXT 的应用在底层的操作系统上运行，从吸引开发商的目标导向的编程模式获利。与此同时，NeXT 公司还推出开发平台 WebObjects，以开发大规模执行全动态 Web 应用程序。WebObjects

---

1. 蒂姆·伯纳斯-李的贡献——发明万维网，成就了两种可能：访问互联网上的内容，创建网页之间的导航。互联网有两个构件："超文本"（hypertext）内容传输协议和导航软件。

平台的用户有 Dell、Disney、BBC 和 Ukibi。

同时，苹果还和必亿公司（Be）商谈，这是 1990 年苹果的先驱之一，法国人让－路易斯·加塞（Jean-Louis Gassée）创建的公司，他曾于 1985 年接任乔布斯率领的苹果公司。必亿公司开发了一款双处理器电脑 BeBox 以及相关的操作系统 BeOS：两款产品都是白手起家，摆脱了层层相接的历史技术。BeOS 是多任务、多处理器操作系统，在其营销市场终结后继续在 Macintosh 电脑上使用，BeOS 操作系统只卖出了两三千套。

两位个性极强的前苹果员工，两个结合硬件和操作系统的项目，两者都退回到 BeOS 操作系统：却只有一方胜出。必亿和苹果的谈判跌跌撞撞，传言说苹果开价 1.25 亿美元，必亿要价 3 亿美元，无法妥协。令人吃惊的是，苹果在 1996 年 12 月底宣布以 4.29 亿美元收购乔布斯的 NeXT 操作系统。这使苹果能用上在 Unix 内核运行的现代操作系统，于是苹果就有了一个对象编程语言和用户界面，能调动一个大型的开发群。还要补充一点说明，NeXT 格式的 CEO 乔布斯回归苹果，担任"特别顾问"。回归他创建和被"放逐"的苹果并掌舵以后，他做了几个架构决策：制造业集中在小范围的机器上，消费者服务集中在少数多媒体（音乐、照相、视频和 DVD 播放 / 刻录）用途上。如此，个人数字生活的创造、组织、消费和分享就可以由新机器预装的软件提供了。一款建立在 NeXT 上面的新操作系统成功了。

但这一切可能性必须要有两个条件：

1. 避免和 PC 世界兼容的软件消失的风险。

首先是微软的 Office 办公套件有消失的风险，而 Office 办公套件是众多公司办公台上真正的"芝麻开门"钥匙。和这一风险相连的孤立状态必须终结。

2. 大量的现金注入，因为苹果的钱快要用完了。

1997 年 8 月 6 日，在 Mac 世界会议上，微软和苹果铸剑为犁。面向怀疑的听众，乔布斯宣告："我们必须抛弃苹果成功就意味着微软失败的陈旧观念。"他披露了与比尔·盖茨达成的一笔历史性交易：就双方各自专利达成非常广泛的交叉许可协议，微软允诺为苹果的 Mac 机维持五年办公室套件开发，苹果允诺让微软的 Internet Explorer 成为 Mac 机"默认"的浏览器。最后一点是，微软向苹果投资了 1.5 亿美元。二十三年后，我们可以计算"历史性"一词的现实意义，除了它在苹果创始人乔布斯常用的顶级词典的意义之外。

这个协议后被证明在各方面、在几个时间范围内都有利：它立即使苹果填补了现金流的缺口，使 Mac 机永久解决了与默认环境兼容的问题——这个环境早已成为微软一家的 Word-Excel-PowerPoint 三驾马车，同时又使微软让苹果这个竞争对手生存下去，从而减轻了被视为垄断企业的风险，还继续确立了它内部浏览器（威胁网景公司的 Netscape 浏览器）的主导地位。2001 年，微软给苹果 1.5 亿美元的投资转换为 1 810 万苹果股票。2003 年，微软将这批股权出售给苹果。如果微软维持这批股票，2021 年它们的市值几乎就要增加 25 000 倍！技术领域的情况常常是，真正的极限只能是人才，收购公司使苹果延揽了几个关键人物，借以抓住未来发展的机会。这些人才里有两个传奇式人物：艾维·特瓦尼亚（Avie Tevanian）和伯特兰·塞莱特（Bertrand Serlet）。特瓦尼亚是马赫操作系统（Mach）内核的架构师，而 Mach 是苹果升级版 NeXTSTEP 操作系统的基础；特瓦尼亚主持了 Mac 机和 iPhone 软件的进化，长期主持苹果公司的软件部。第二个传奇人物伯特兰·塞莱特开发了 OpenSTEP 操作系统的几个关键部件，包括其编程界面。和特瓦尼亚携手，塞莱特成为开发 MacOS X 的支柱；2006 年，他接替塞莱特，担任苹果软件工程部主任。我们特别感谢他，他使苹果 Mac 机在微软的 Windows 操作系统支持下得到发展。

　　结束这一段论天才的题外话之前，我们不能不提及第三个人。他既谨慎又与众不同，他是 NeXT 公司融入苹果的主要人物，虽然 NeXT 被苹果收购前他已离开 NeXT，而且他回到苹果是在三年以后。他毕业于巴黎高等师范学院（圣克卢），在巴黎 – 奥尔塞大学获计算机博士学位。他就是让 – 马利·于洛（Jean-Marie Hullot，1954—2019），在法国国家信息与自动化研究所与伯特兰·塞莱特共事，养成了为对象编程的热情，尤其对创建用户界面的过程感兴趣；由于程序的容器和内容变得同样重要，界面的开发就越来越复杂。在那里，他开发了 SOS 界面，极大地简化了界面开发，力争将其部署到研究所之外。在苹果组织的开发者大会上，他邂逅让 – 路易斯·加塞，加塞说服他去美国。一到那里他就断定苹果太大，不可能容他创新，于是就开始为自己的 SOS 界面寻找其他的出路。他到 NeXT 公司去展示自己的发明，引起苹果公司乔布斯的注意，乔布斯决定聘用他[1]。SOS 成为界面生成器，先后成为开发苹果 Mac 机和 iPhone 软件的一个传奇式工具。于洛离开 NeXT 公司三个月以后，就在苹果收购 NeXT 的前一天，乔布斯给于洛打电话说："你发财了，但有一个条件，你要立即行使你的股票期权。"

回到巴黎之后，于洛创建真实姓名公司（RealNames），其雄心是简化网站的寻址操作和互联网的内容。蒂姆·伯纳斯－李本人曾经承认说，网址的命名 URL 还是太复杂，不便于口授和复制，原因是那个双斜线 // 符号，他这个发明人自己就认为，这个符号是许多打印错误和亿万臃肿字符产生的源头。于洛和乔布斯不时见见面，轮流在帕洛阿托或巴黎做东。他们探讨技术和产业的未来。法国人于洛和美国人乔布斯分享自己的信念，下一步将是极具无所不能潜力的手机，条件是它简单而优雅。彼时，欧洲的移动产业处在九键统治中。欧洲用户界面的碎片化显而易见，移动通信和计算机的简单互连缺失，移动设备制造商忽略对应用软件的直接控制。虽然有信息同步标准协议 SyncML，欧洲的移动通信还是走向了死胡同。

经过几轮会晤和协商，苹果老板乔布斯说服他曾经的同事于洛加盟苹果，接受了一个不可思议的条件：于洛留在巴黎，组建一个软件开发团队，解决这些课题。这是苹果公司从未有过的安排，两大优点是保密和集中。关于项目的保密，苹果的首台设备不是 Mac 机而是 iPod，于洛却对此浑然不知。2000 年，在巴黎市中心一座出

---

1. 于洛应该是偕同皮埃尔·哈伦（Pierre Haren）创建 ILOG 公司的七人团之一，不过由于政治行政原因，公司的成立延宕了六个月。有时，命运就是这样简单的事情。

租楼的一个商务间里，一个秘密的办事处开张，有五六位开发研究人员，专攻几项包括 iCal 日历和 iSync 同步化架构的技术，这些技术让计算机和手机无缝连接。于洛半个月去一趟苹果总部，有时与乔布斯相处一段时间。这位频频乘坐法航 AF084 的乘客轻装来往，有时甚至手揣在口袋里，没有行李，因此困惑不解的海关官员要对他进行定期的检查。

21 世纪初，苹果从濒临死亡的边缘中恢复过来，在绝境中被微软拯救，微软给苹果带来坚挺的现金，向客户允诺微软 Office 套件更新版的兼容性。苹果公司也找回了其创始人乔布斯和现代操作系统的基础，这个系统的用户界面恢复了吸引力；在这个用户界面之下，Unix 的"引擎"吸引着开发者，开发者，开发者，开发者……

乔布斯团队秘密开发了一台与 Mac 机平行的机器，尽可能让其与 Mac 机共享软件组件[1]：从一开始，iPhone 就被构想为一款袖珍计算机，有一款革命性的界面，将大多数相关的应用用于移动通信。电子邮件、网络浏览、油管视频和地图浏览所用的代码和图标与 Mac 机相同（地址簿、日历、Mail、Safari 浏览器、iTunes 播放器和 iPhoto）；它们都共享共同的构件：油管视频和谷歌地图被打包到应用程序中。最后，三款 Mac 机上不存在的新应用在 iPhone 露面：第一款允许接打电话，第二款允许收发短信，第三款允许照相。它们显示，iPhone 既是电话机又是照相机。iPhone 继承 iPod 播放器的功

---

1. 一些界面组件的开发团队未必意识到，这些组件将在两个平台上使用，数据检测器就是这样的情况，它们解释电子邮件里与联系人或事件的相关信息，以便于管理。

能，允许你的音乐在你的口袋里随身携带，容量很大。这样的双重亲缘关系是典型的"连接点和点"方法，乔布斯很看重这一点。所有这些要点走到一起，苹果应用商店自然要水到渠成了。

即使 iPod 将音乐完全非物质化，并使之具有游牧性，iPod 仍然是多元故事里的一个品种，构成音乐产业的边缘。自它的始祖留声机以来，"播放器"都被用来当作"解读""支持"录制音乐的材料。在第一阶段，刻录在材质上的音乐密度使较少空间容纳较多音乐：机械或电气材质上每分钟 75 转的唱片每一面容纳五分钟的音乐，单声道。自 1948 年起，除立体声外，33 转的密纹唱片每一面容纳三十分钟的音乐，约 10 首歌，构成一个专辑。有些歌被单独挑选出来用每分钟 45 转的格式销售，唱片的 B 面多半是一些不太有趣的变异形式或填充材料，当然有时也含有宝藏。密纹唱片的物理格式生成了专辑的商业格式及其十多首曲目。唱片虽然扁平却还是太大，不便于携带，市场需要另一种新型格式的播放器。荷兰公司飞利浦于 1963 年推出了盒式录音机 MOU13。MOU13 不仅可以播放磁带，而且可以播放密纹唱片那样的专辑，因其格式更紧凑，所以在越来越小型化的设备上播放。磁带的微型化使车载电话出现，引发了二十年后日本索尼公司研制的随身听的上市。随身听的格式走在播放器的前沿。磁带的局限生成几种物理的（自动反转）和电子的革新（下一轨道的检测），声像加工未来的巨头出现了：杜比公司的降噪系统 Dolby B 和 Dolby C 称霸一方。8 到 12 首歌曲的"商业"格式，诞生于"黑胶唱片"，完成了向数字媒介的转移。1983 年，荷兰人发明了激光唱片 CD。CD 保留了同等的性能，但播放的质量更好，音质反复播放不退化，其物理支持容许微型化形式。对 CD 所含的音乐的提取在理论上成为可能，却超越了那时硬盘驱动器的容量。既没有 USB 密钥设备，也没有足够快的互联网速度：个人音乐编译的唯一办法是模拟式录音带。电脑上光盘驱动器的推广允许分发和安装"更大的"程序，同时为音频光盘的阅读开辟道路，电脑把音频光盘"视为"音频文档的储存媒介。最重要的是，压缩格式使更多更便宜的文档成为可能，压缩格式的三个字母 ZIP 使音乐产业震颤。MP3 播放器源自弗劳恩霍夫研究所，受包括汤姆森的专利在内的几种专利保护，MP3 成为整整一代人的符号。它生成质量"可接受"的占容量比较小的音频文件，赋予个人储存、组织和分享自己音乐的自由。我们再次看到，一种技术格式改变人们的使用习惯，使一种新播放器的出现成为可能。几种 MP3 在 1998—1999 年间出现，比如 mpman 或 Rio，由于闪存成本过高，它们的容量有所减少。

2001 年 10 月 23 日，iPod 播放器推出，在非常高效的营销活动推进之下，1 000 首歌曲装进了使用者的口袋。一个细节改变了游戏：其有线耳机是白色的，和黑色主导的其余部分明显不同。和一切数字音乐播放器一样，iPod 必须要"加载"选自使用者电脑里的歌曲。一款软件程序管理音乐库，将其"编辑"为播放清单，然后挑选装进使用者口袋的曲目。早在 1998 年，苹果就向 Casady & Greene 公司购买了 SoundJam MP software 软件，这款软件是 Mac 机上供 MP3 播放的软件之一。2001 年 1 月 9 日，苹果又聘用了 SoundJam MP 的主要开发者杰夫·罗宾（Jeff Robin），随即推出 iTunes 播放器；iTunes 把导入音频 CD 和管理音乐库的功能结合起来。十个月后，第二版的 iTunes 加上了 MP3 CD 刻录和同步。这个技术生态系统的渐进式实现服务于一个简单的愿景：按音乐单位消费。使用者没有理由为了听一两首歌去购买整个专辑。经过和主要供应商的艰苦谈判，iTunes 音乐商店终于在 2003 年 4 月开张，销售目录里只有 20 万首歌，但它第一个星期就售出了 100 万首歌。到 2003 年 4 月，第四款 iTunes 发行时，为 Mac 机和 Windows 运行的 iTunes 已达 100 万部。iTunes 音乐商店可以在个人电脑上使用了，这就为大批未来客户开启了"白色耳塞"的大门。

如此，一种音乐格式、一款软件程序和个人的强烈意志就成为一种标志，"按单位"销售音乐的时代到来了。但这个故事并不止步于此。iTunes 生态系统支持越来越多的 iPod 模式、越来越多的媒体（播报、有声读物、视频、电子书）。到 2007 年，iPhone 自然融入进来，成为一种"超级 iPod"。

有人指出，iPhone 手机里一款应用的大小类似于一款乐曲，苹果应用商店的念头就在这次谈话中冒出来。分销应用软件所需的是同样的专业知识和基础设施、同样的软件和同步化机制，苹果运用这些设施和机制已有多年。此外，凡是购买过哪怕只有一美元音乐的人都生成了一个苹果 ID，而且把这一身份与信用卡号绑定了。最后，在互联网上把单个数字稳定出售给以千万计的消费者是可能的，这已经得到了证明。万事俱备，甚至已经长远谋定，一砖一石铺平了道路，但谁也看不清下一步的或终极的目标。一定程度上，软件出版销售市场深刻的变革是由操作系统应用软件的大小决定的，应用软件的大小和数字音乐作品接近，本身就是1983年音频格式选择的结果，是MP3压缩手段成功的结果。这一变革还加上一种电话的发布，这种电话不太可能在操作系统的"轻量"版上运行，它是从苹果前创始人乔布斯那里购买的。在此期间，乔布斯强行推销按照单位音乐出售的构想，而且成功实行了。苹果公司保留这一特权，希望完全控制这款设备，从软件内容直到营销。乔布斯还向开发者宣告，他们可以随时提供"网络应用"……这就使他们绕开苹果机保护，寻找漏洞的兴趣增加，漏洞使开发者能打破设备的囚禁，安装自己想要的软件。次年，开发商松了一口气。苹果宣告，一个用于iOS操作系统的应用程序开发工具包准备就绪，苹果将为开发商提供营销其应用程序的平台。iOS操作系统第二版和iPhone3G就享有这样的平台。

2008年7月10日，苹果应用商店开张，上架的应用有552种，其中百余种应用下载免费，其余多半的售价在1至10美元之间。开发者自己定价（无初始基准）；像以前负责音乐营销一样，苹果负责分发并因此而获得佣金。苹果直接负责分发，远远超越了通常约束操作系统出版商和应用软件出版商彼此关系的机制：起初，苹果将软件开发工具包授权给应用软件出版商，设置和记录调用操作系统的各种函数，在用户界面执行和一致性上提出建议，目的是确保应用运行的流畅，促进系统的整合。如此，根据技术标准和内部规则，苹果追加了一个验证应用程序的机制：有些开发商的应用程序被拒绝或被搁置，其理由并非总是显而易见，名义上是遵守第三方的规定，这和极客文化截然相反，极客文化正是对限制的挑战者和规避者。

此间，20世纪90年代出现的快乐的应用丛林开始缓慢衰退。在这个常常未竟、有时无趣、偶尔"多虫"的软件丛林中，隐藏着首批病毒，就像罕为人知的金块一样。除了几种成功的预安装应用软件（微软或Adobe软件），或者一般的专业应用软件（电子邮件用的Eudora），其余大量的软件躲藏在雷达之下，等待被一个PC杂志发现并将其列入"十大工具榜单"了。这样的处理过程是手工的、巧妙的，仰赖好奇侦探的才能；他们花时间去测试不同的应用，然后向读者解释其用途。这正是瓦努阿图公司蓝色巴扎的目的。应用商店问世之前，发现的过程是手工操作的。和软件的营销一样，在发行商的直接指导下进行；发行商不得不识别用户，收账，符合用户许可条件下的要求。在这个史前时期略有小成的软件是：共享软件（shareware），它的建立基于开发商与用户的道德契约。一方面，你可以试用软件，如果你喜欢它，用了"适当的"时间以后，你可以根据开发商建议的金额付款。另一方面，共享软件尊重流行的自由和信赖精神，因为使用者还不是订户和消费者。使用者和作者的对话是直接的，既报告错误又提出改进建议。此时，时间限制、提醒通知或软件停用还不太流行，因为这些做法和共享软件的精神相悖。付款是直接进行的，由银行转账或签发支票，适合手工模式。一旦软件作者成为公司，销量变得很大时，销售过程自动化和产业化的问题就冒出来了，购买共享软件的支付平台如Kagi就应运而生，之后的贝宝（PayPal）将这一原理延伸到通用方式的付款或转账，依靠电子邮件地址构成的默认身份进行。

在软件世界里，许可证的定价是一门艺术，超过 10 美元的定价比较罕见，这就限制了营销投资，虽然软件有可观的毛利率，而软件产品几乎是零成本的。

我测试了自己的整条营销链。1993 年，我设计了一款草书字体，在美国在线网 AOL 上用共享软件的形式分发，1994 年底又在 Compuserve 网和 eWorld 网上分发，然后又在互联网上分发。起初的销售略有小成：一位数学老师将其用于授课，用作预科课程的制图手册。之后是奉献时刻的到来：2001 年 5 月 2 日，法国失业金管理局财务副局长埃里克·布罗萨德（Eric Brossard）发来电子邮件，索要我的银行账号，国家要给我转账 6 美元，这是那款保险单的价格。我们商定用一张 5 欧元的支票结算。那款字体并没有说明其用途：我从未想到在 2001 年年底竟然会间接为工商就业协会的徽标出力，他们用了我那款软件里的大写字母"A"。这一徽标支付了 5 欧元使用我的字体，长达七年，用了 10 万次，比之后就业中心所用徽标的成本少了 10 万倍！

2008 年苹果应用商店的部署，不久后谷歌的安卓操作系统和微软 Windows 操作系统的问世，给软件丛林带来了秩序，几个问题可以同时解决了：

1. 软件合规性的事前验证，技术上的验证，以及遵守设计规则（指引）和安全上的验证。

2. 通过应用商店分发软件，软件又在应用商店分类组织后，能让用户在商店里寻找到与自己机器兼容的、有保证的应用软件。

3. 用星级和评语来表示合格的应用软件，软件的名气和回头客的数量挂钩。应用商店推出选择和排名的清单以指引顾客，提供透明性和价格选择，顾客在店内购买时，这类服务略少一些。

4. 管理支付（和风险）过程，负责向出版商付款。

2008 年以来，应用商店的商务模式很简单：最终收费时加 30% 的服务费[1]。辅币的另一面是批准应用软件进入苹果应用商店的机制，那是苹果应用商店酌情自行决定的。一般的情况（指引）常常更新，这是苹果应用商店与开发商研究猫鼠游戏的见证。例子之一是 Flurry Analytics 之类的软件库进入苹果应用商店的决定，因为这款移动分析平台仔细追踪用户与应用软件的交互。平台编辑喜欢用隐私的名义强加它自己的追踪系统，那是匿名的系统，其结果只有部分送回给开发商……

从一开始，脸书就依靠网络标准提供的独立性：人人能用浏览器，备有 HTML5 语言的浏览器成了一个执行的环境，几乎能管理一切数据流，包括能实时交流的音频和视频。为什么要麻烦地去开发本机应用程序，并把你自己放在操作系统和编辑器的分叉之间呢？网络是最好的开放和免费的解决方案，容许你以诡异的方式去创建一个封闭的"宇宙"……2009 年，情况已经很清楚，智能手机已经成为 2.5 亿用户主要的、有时甚至是唯一的交互工具。于是，脸书不得不决定开发自己的移动应用。起初它瞄准安卓，因为安卓

---

1. 2020 年，此项服务费减至 15%，应用软件开发商在苹果应用商店得到的收入减少 100 万美元。2021 年 1 月，这样的服务费涉及苹果应用商店内售出应用软件的 7.5%，其余的应用软件则是免费的。

更广泛而且更开放，它直接提供更多的智能手机功能，而且浏览历史、地理定位……

应用商店与货架上产品的猫鼠游戏变成了应用商店与免费应用的拔河赛，应用通向付费订阅，报刊或领英之类的优质服务被订阅。有时，技术巨头评估自己可能在政治局势中扮演的角色后，它们的应用程序可能在应用商店被下架。2021年初美国国会山被攻陷后，Parler应用程序就在应用商店被下架，因为它可能被应用软件的作者用于这一事件的策划。过了三个月，审查其新使用条款的合规性以后，Parler在苹果应用商店恢复上架。应用商店是政治杠杆吗？

因此，我们正在见证一个必然的转变，从操作系统向系统操作的转变。操作系统过去和现在都是复杂计算机系统必不可少的抽象层次，有必要编排若干第三方硬件功能（Windows 95及其USB边缘或打印机驱动程序）时，操作系统尤其必要。操作系统的原始版本直接或间接得到硬件销售的资金支持；硬件销售使操作系统成为可能。与此同时，操作系统设计师和第三方开发商所用的开发环境也成为可能。开发环境一直是操作系统成功的必要条件，开发商用应用软件喂养操作系统，强化其耐久性，同时又靠自己的开发成果生存。随后，为了拓宽用户群，操作系统成为分发平台，从平台获取收入，从加强对平台及其界面一致性控制获得收入。用一致性的名义增加对界面的控制，这就导致统一系统的实施，为开发商提供更多的功能，对如何实施系统的自由则有所减少：通知集中放进"通知中心"就是自由度减少的例证。只要开发商多赚钱，从操作系统向系统操作难以察觉但毫不含糊的转变就没有困难。除了应用更新的速度和性质以外，这一转变基本上没有造成任何困难。操作系统继续运行利用零售业熟悉的一种机制：靠近用户的零售业能察觉不同应用的市场份额。清楚看见什么应用程序好用、什么不好用成为可能，低成本进行市场研究成为可能。无须积分卡，因为商店已经连接并识别用户：若要在应用商店消费（包括下载免费应用程序），用户必须要开户，并且至少要加上一种支付方式。

　　用户使用应用程序的数据使应用商店能看到机会，使它等待开发商在新课题开发中用销售数据去修正程序，去分析成功应用程序的具体原因：平台提供开发工具，所以它能在应用程序上架前分析这些应用程序，并准确判定它们用上了什么开发系统的功能。随后，平台可以断定哪个被忽略的特征要集成到下一个版本的操作系统，即使这意味着"蚕食"在创新领域盛极一时的所有应用。这个被"自有品牌"鲸吞的现象远远超出了市场份额，构成了对市场的独占。一个传闻的例子足以说明这个问题：经过迭代的操作系统，一种"闪光"应用程序劫持了照相机闪光灯，重新整合进操作系统了。这样的进路越来越被视为反竞争的路径，最后引起美国参议院的注意。2001年的听证会明确质问苹果和谷歌，要求澄清苹果应用商店的数据是如何在他们内部产品开发团队中分享的。平台可以禁止某些类型的数据被用在苹果应用商店，或不允许访问"保留领域"的功能，平台还可以禁止某些类型的修正：界面定制软件（屏幕保护程序、图标修改、动态显示的壁纸）在平台上消失，因为操作系统不再允许访问图形原语，它要保留这些图形原语供自己设计使用，它要让其演绎出越来越精致的用户界面。

2009 年我担任人眼保真技术公司 imSense 的 CEO 时，苹果应用商店刚满周岁。我们的映像保真（Eye-Fidelity）技术可作为软件库集成到软件或服务里，在跨平台应用程序开发框架（QT）之下很快就开发出一款 PC 应用：其可用性有限，仅供绝对的极客使用。所以我决定集中精力将其作为软件库向图形处理软件编辑推销。OnOne Software 公司是我们的第一位客户，它是专业插件图像处理编辑器公司。同时，我们把 Eye-Fidelity 引擎移植到手机上，让相机处理更接近拍摄的时刻。这样的技术移植之所以可行，那是有两个原因：首先是因为其算法极快，只需两个步骤；尤其是因为它表现出准线性的性能，其图像处理时间几乎与分辨率成正比。摩尔定律对我们有利，我们已经能预见到未来智能手机里近乎即时处理的效果。iPhone 平台的选择正是由于苹果应用商店作为分发渠道的潜力。我们公司的 imPhoto 设计在内部完成，其开发分包给彼时最优秀的移动技术开发商，它初为独立软件，后经弗洛伦特·皮莱特（Florent Pillet）完善。剩下的工作就是营销了。在那些史前时代，图片分享用的照片墙（Instagram）软件为了便于分发而偏爱多数的用户，却损害了品质。苹果应用商店"照片"档杂乱呈着许多应用软件，它们出自一些基础的，多半是免费的免版税图像过滤器。其他应用的均价以一美元为基准调节行情。市场上尚无专业的发行商，Adobe 的到来晚得多。我们公司的目标是让世人知道 Eye-Fidelity 的保真度。既然免费的东西价值不高，我选择用双重的办法开路。一种是定价 1.99 美元的受限版本（低分辨率，带水印，较少选择），另一种是售价 4.99 美元的专业版本（供彼时的高端市场选择）。此外，偏高的初始价格还容许偶尔的降价促销活动。为了让 imPhoto 应用广为人知并进入苹果应用商店，那就需要它攀升到排行榜高位。我们用上了伊曼纽尔·卡罗（Emmanuel Carraud）的服务，他的初创公司 MagicSolver 设计了一款应用软件，其功能是分发和推荐他人的应用软件。2009 年圣诞节，我们的 imPhoto 应用一方面被推举为最新的应用，在圣灵降临节上高光亮相，服务免费。59 个国家下载了 7 万次，改用专业版的转换率相当高，这一次的操作成功了。但这一次成功是短暂的，我们想要的就是这样短暂的成功。向用户展示他最初的照片有多丑是没有意义的，最后的结果才算数。另一方面，imPhoto 应用把我们的 Eye-Fidelity 保真技术送进许多人的手里，证明了其有效性，证明它能装进智能手机并补偿现存镜头的不足。我们是走向计算摄影术（computational photography）即数字摄影术的一座里程碑；在数字摄影里，处理器和软件层弥补传感器、摄影环境甚至拍照人笨拙的局限在不知不觉间完成了。根据摩尔定律，在大多数业余用途中，智能手机将要取代数码相机，数码相机的市场几年内就崩溃了。2010 年，我们正处在那个弧形线的起点。传感器的分辨率在加倍（iPhone 3G 到 iPhone 4，手机的像素从 200 万像素增加到 500 万像素），我们的算法是线性的，我们算法的处理时间也在翻倍，而我们竞争对手的算力增长了 4 倍。处理器功率完成了自大弧线顶端其余的工作，而我们还来不及考虑将我们的映像保真直接整合进图像处理管道，将其置于传感器和屏幕上的图像显示器之间。

2010 年 2 月，苹果总部开会，由乔布斯主持，他又发飙，抛出传奇式的一段话："iPhone 的竞争力正在组织起来，三星最新智能手机的摄像头组织得够好，但我们不要把它说得太好，让它盖过我们 iPhone 的风头。"三星的摄像头分辨率更高，屏幕上显示的照片给人的感觉质量更好。这一点使标价很高的 iPhone 处境尴尬。出席会议的有 iPhone 的色彩科学家，他是直接负责人（DRI）。苹果的 DRI 是专项专家，他无团队、无预算、无横向责任，但在专业领域，他是绝对的权威；在验证或废止技术、流程、供应商方面，他说了算。他有首席执行官的"耳朵"和评判项目的责任，他的话是决定性的、终极性的。实际上苹果的决策机制正是它的名气所在：决策常常慢却总是不可逆转；CEO 直接接受 DRI 的咨询，DRI 的意见不容议论，这就是它决策机制的例证。保罗·胡贝尔（Paul Hubel）就是这位颜色科学家。他的专业涵盖图像处理，更准确地说涵盖从摄像头到屏幕的色彩渲染。几个月来，他一直在检测我们"日常"照片样本的算法，像伊夫·法鲁贾一样欣赏我们对色度学的尊重。他低声对乔布斯说，他也许有了解决办法……提到我们的人眼保真技术公司 imSense，他介绍说三十秒足够了，乔布斯打断他的话拍板说："买他们的软件。"

本章思考题

总之……你呢？

从抽象和编排层开始，操作系统已成为营销应用程序的平台，应用的多样和健康决定客户和用户的选择。

有一段时间，掌握"关闭"的文件格式是战争的神经：微软真正的操作系统是 Office 而不是 Windows。随后，战场从办公室自动化转向一般的公众和多媒体，然后又转到人们的口袋和手掌。

开发者是模式成功的基要成分。你在操作系统上训练的开发人员越多，他们为你的平台开发的可能性就越大，你的生态系统就越强。向另一个平台迁移的成本取决于一个生态系统维护和改进应用程序的技能。

苹果应用商店 2008 年开张，启动软件分发的深刻变革，以前的业务是留给独立发行人的。苹果应用商店是乐高玩具套装的一块补加砖，这是用十多年工夫耐心搭建起来的，这块砖几乎就是一个增量的组合。

应用商店已成为权力、控制和争斗的场所。垄断的投诉和诉讼就是证明。

我们不会放弃我们之所得，也不会放弃我们之付出……应用商店（金钱）或元数据也不会放弃：播放列表或个人排名是无价的。

作为政界人士，除了"系统"和"开发"词语的法语内涵外，你是否考虑过，宛若一个"操作系统"的国家会是什么样子？国家履行什么职能？谁是国家的开发者？

你是商界领袖，你知道你的公司开发了多少款应用软件吗？什么应用非常关键？哪些应用是内部团队开发或维护的？为什么？

你渴望在公司里肩负更大的责任，这样的分发模式给你什么启示？

你是一位年轻的读者，而你的第一部计算机是智能手机，你最常用的 20 种应用软件（但只有你不到 20% 的亲友使用它们）是什么？

第八章

云端书商
亚马逊

2011 年 7 月 11 日，在德国达姆施塔特市，德国电信的园区一望无际，德国电信运营商的产品和服务就是在这里开发的。它已在美国立足，其子公司 T-Mobile 与互联网巨头贴身竞争了。互联网巨头们尚未团结在单一的首字母缩略词之下，他们通过号称"顶层"的独立服务，让运营商只搞运营。

互联网服务多半免予国家监管机构对电信运营商跨数据使用的禁令，摆脱了迟滞它们部署的互操作性束缚。"绕过"电信运营商的短信（包括音频和视频的爆发）充分说明，现有的运营商已被剥夺了其核心业务和最初的承诺。电信运营商已经沦为"千兆位"互联网连接的经销商，被迫放弃对通信服务（电子邮件、即时消息、IP 语音或视频电话）的控制，几年后就失去了对终端的控制。

德国电信在同步的远程存储中搜寻合法性，这将增强并证明其固定和移动宽带接入服务的合理性。它在独立服务和多址服务（DropBox，Box，谷歌驱动器，微软天空驱动器）之间的搜寻蜿蜒曲折，也可能整合进一个多终端的生态系统（苹果公司的云端服务 iCloud）。德国电信也试图向个人和商务客户提供云服务，但几乎像法国奥兰治公司一样快要没落了。托马斯·基斯林（Thomas Kiessling）是德国电信首席产品创新官，他当下的重点是云服务。

十一年前，云服务对许多玩家来说还有点云里雾里，在欧洲尤其朦朦胧胧，但它既是对一个古老需求的答案，又是一匹产业黑马创新之路的神圣奉献。科技巨头坚定不移地遵循这一路径，人人意识到的竞赛广泛展开后，赛道上的玩家摩肩接踵、人潮涌动。这场竞赛是对基础设施重要角色的祭礼。这是一个诡异的时刻，基础设施正在被虚拟化。马克·安德森的预言式公式"软件正在吞噬世界"一天天变成现实了。

然而，这个云服务的先驱并不是诞生在硅谷，也不是降生于实验室，甚至不是孕育在一个纯技术玩家的头脑里，也不是出生在巨型信息技术公司里……云计算是由一位书商发明的！

云计算诞生在同步化和虚拟化两大技术发展的交汇处。这样的交汇意味着移动宽带的推广有望达成的永久连接。3G 尤其 4G 使一切终端永久且透明的会话成为可能甚至必然的结果。计算机联网的初始目标是促进文档的传输和分享，是便利办公室自动化用户的异步协同，多半是通过最简单的传输办法，过去和现在都是靠电子邮件。计算机联网还使办公室机器实现远程的备份信息，见证了一种"崩溃"的强烈倾向，它狂吞最新的文件版本，用户被反叛机器扔进现代西西弗斯模式，疲于奔命，感到绝望。计算机联网支持客户端－服务器范式，使用户输入的信息在非常强大的、更为可靠的系统上进行远程的处理，但彼时的微电脑还不是效率很高的机器。因此，集中化是一致性的保证，这对活动的正常运行至关重要。

当然，文件的归档仍然是个问题。有些文件有多个版本，反映了多个用户进行的迭代，他们应该合作完成文件的归档。但情况往往是，从"错误版本"开始会导致几个不连贯的分支，这样的分歧必须要解决。备份系统本身也纷然夹杂着不同版本的文档，或为附件，或为共享文件夹的文档，谁也无意花时间去"清理"，或因无暇顾及，或怕误删了"好"的版本。这种杂乱文档流出的源头就是生成互联网的源头，也是个人和处理过程通过机器连接的源头，就是异步信息处理的源头。一个文档或一批数据被传输因而被复制后，版本的激增立即开启，无论其内容如何，版本的资历就成了决定性的属性。

信息传播及其更新版增值的课题到达个人世界和专业世界的边缘，随之而来的是 20 世纪 90 年代设想的另一类机器的来临。这些物件有时叫袖珍电脑，有时叫个人助理，它们通过试错耐心等待时机，直到计算力、显示器容量和电池寿命融合的问题得到解决。经过许多史前的震动之后，首批移动终端出现，同步化解决方案将其与大个头的计算机兄长连接起来，移动终端暂时维持着"边缘"的身份。同步化的目的是确保这些小兄弟的初始数据供应，证明其有用。这些数据主要是联系人、日历、任务列表和注释。这种操作的性质是异步的，计算机维持了储存的优势和用户所需时间的优势，在专业环境里尤其如此。送进你袖珍电脑的信息片段（尤其是日程）更容易被查看；相反，彼时的笔记本电脑很罕见、价格昂贵，功能还不足以取代台式电脑。而查找电话号码仍然是基本而复杂的工作。一种兴趣油然而生：能用笔在袖珍电脑上编辑信息，输入或更新联系人信息，删除或安排一场约会，记录要做的事情或片段的信息。这一切操作只需要最低限度的少量数据输入，就可以换取较高的服务价值：如果计算纯粹是抄写和复制，人还是不得不把同一件事情做两次，而且是在不同的时间做两次。这是机器干的工作，虽然这不是机器干的唯一工作。同步化是计算机与其周边设备之间"点对点"的工作，两者由电缆连接，连接由计算机控制，数据的比较、协调和更新在电脑上进行，经过修正的数据由电脑发出。功率差证明了同步化方法的合理性，同步化起步始于20世纪90年代日本人主导的第一类组织设备和掌上电脑，掌上电脑由计算机以一对一的方式供电。随着掌上电脑功率、存储容量和屏幕质量方面的改进，查看和编辑办公文档的前景成为可能。然而，数据格式必须要压缩并简化以"减轻"储存和处理，因为小屏幕上的处理局限于最少量的编辑，格式的压缩和简化尤其必要。这是文件转码/翻译软件的鼎盛时期，最著名者是出版商达塔维兹（Dataviz）的办公软件 Documents To Go。而且，掌上电脑移动计算的普及仍然有限，常需要放回底座上去充电。像我们近年使用的智能手机可以感应充电一样，掌上电脑被置于办公台、搁在底座上，以确保再充电和同步化。起初，这样的设备表现办公室人员的等级地位，这是典型的主奴辩证关系。虽然摩尔定律在飞速发展，连接的问题还尚待解决。机器贪婪的胃口与日俱增，其连接却间断而不足，所以掌上电脑的自主性还是痉挛性地受限。移动服务的生态系统迷恋于掌上电脑和互联网服务之间的标准，以规范联系人、日历和笔记的同步化，比如 2000 年 2 月，IBM, Lotus, Matsushita, Motorola, Nokia, Palm, Psion, and Starfish Software 等公司发布全球通用的移动数据同步协议。起初的协议基于 vCard and vCalendar 标准，辅以客户机和服务器之间的同步协议。稍后，开放移动联盟（Open Mobile Alliance）也加入这一倡议，将这项标准推广到运营商和手机制造商。

随后到来的是准永久协议，分为两个紧邻的阶段。2000 年，宽带和家庭无线网络同步普及。互联网访问比起初的拨号上网快了一百倍，最重要的是互联网访问成为永久性的。802.11b 和 802.11g 两个协议标准使宽带能在家庭和办公室应用，免费，无须许可证，通过极为便宜的无线电芯片达成，无线电芯片很快集成到所有电脑中。准永久协议的普及始于 2000 年，iPhone 结合了 2G 的语音和短信，以及 Wi-Fi 的其他功能。与此同时，这些标准主要涉及咨询（网络、地图、行程、天气或视频），必须进行书面交流时除外。电子邮件和网络一样已经成为互联网的主要用途之一，它遵循信件的邮政隐喻：通过传输协议送达提供商托管的邮箱，等待用户自取。我们只是把"存局候领"的服务非物质化了；这里所指的是 1984 年初版的邮局议定书，它尚未演变为 1988 年的第三版议定书。第三版邮政议定书遮蔽了其先驱和竞争者 X400。

但是，访问电子邮件引发了一种新的问题：检索到电子邮件后该怎么办？因为互联网是复制信息的基础设施，收信意味着将其复制到计算机，留待稍后处理：留在服务器上的原始版本又怎么办呢？留在那里使邮箱杂乱，容量减少（1996 年 Wanadoo 邮箱起初的容量是 5 MB，只能容纳几张 JPEG 照片）；用户邮箱崩溃的情况下，服务器容许第二次提取邮件的备份。一方面，留在邮箱里的邮件可以下载到一台电脑，也可以下载到其他几台电脑，比如家里和办公室的电脑。对应的结果是阅读两次同一信息的风险，导致一些添加的机制，允许让邮件标记为已读取或已检索。另一方面，发出的邮件就得不到这样的好处，它和邮政协议没有关系。你可以把自己添加到收件人中，戏弄邮件系统，但请注意，人总是讨厌同样的事情做两次，尤其讨厌本可以让机器做的事情。被删除邮件的管理也让人头疼。"存局候领"的原理正在突变为一个截然不同的原理：在远程服务器上维护最终分组到文件夹里的电子邮件。在这个范式里，你电脑里的本地邮箱成为供应商托管邮件的副本。一个版本的任何变化引起另一个副本的同样变化。

IMAP4（交互式数据消息访问协议第四个版本）的资源和远程存储都更密集，但它逐渐补充了邮局协议版本 POP3，成了服务器和邮件用户之间的第一个同步协议。

电子邮件的使用为终端之间的同步开辟了道路，不再是点对点的同步，而是通过服务器实现的同步。服务器由公司托管，或由网络服务提供商托管，不久又由独立的互联网服务供应商托管，无论谁托管都并不重要。在互联网上一个集中配置的某个地方都可以设置任何机器，使一切同步都可能了，这就确保了你最重要数据的继续使用和永久备份。自 2007 年起的 Wi-Fi 连接、3G 的承诺到 4G 来临时终于实现，Wi-Fi 连接使同步隐约可见，3G 使同步显而易见，4G 使同步必不可少。

智能手机紧随 iPhone 发展，迅速传遍全球，比任何其他制造品都增长得快（安卓平台征服十亿用户只花了两年）。数亿人发现自己实际上有两部手机，如果算上有些公司办公室配备的手机，有时甚至有三部手机。如此，这些手机与网络服务的同步就延伸到了本不应该被复制的数据，比如联系人和日历，还延伸到了需要最少精力的某些偏好，而你又必须确保这些偏好的一致性和永久性。同步的必需之后就是同步的必不可少。换句话说，维护几台机器之间文档的一致性是必不可少的。2005 年，有了网盘（Box）之后，无须"手工操作"复制文档，或在几台机器之间互送文档就成为可能，"云储存"这个类别应运而生；谷歌和微软巨人的多宝箱（DropBox）也接踵而至。这些设备的第一个承诺是富足，因为彼时内部硬盘经常已满；第二个承诺是同步；第三个承诺是远程访问和共享。有了这些承诺之后，绕开电子邮件附件受局限的问题就可以解决了，设想远程协作也成为可能了。提供集中服务以确保用户环境的维护，这是一个新理念的第一个表现，这个理念是：你的部分使用和数据不再仅仅寓于你的机器里，而且还存在于另一个地方。其定位终于不再重要，就像下载它们的地方不那么重要一样。最后我们就接受了这样一个概念："云是我在别人电脑上的数据（The cloud is my data on someone else's computer）。"

使用不同操作系统和环境的设备之间的数据同步化后，开发的需求随之加速。结构化数据表示的标准和格式就超越了电子邮件、联系人、日历、静止图像和移动图像；流程和文档里的结构化数据仍有待克服，专业用途和工业用途的领域也亦如此。

钟摆往回摆了，孤岛世界和专有格式从技术标准汲取动力，时代的主导玩家完成战略转移：微软拥抱 XML（可扩展标记语言），它对办公室文件格式的掌握始终是一道坚不可摧的防线，它保护的宇宙既繁华又封闭。Adobe 公司拥有"关键的"便携式文档格式（PDF）及其编辑软件 Acrobat，当然允许一种阅读的普遍形式；然而 PDF 文件不是为修改而设计的。为文本修改的目的，在文字处理领域，RTF（富文本格式）仍然名不副实，其基本排版元素的兼容性也有限，比如字体的选择以及粗体、斜体或下划线等标准文本属性的兼容性就有限。文档之外没有救赎（Outside of the ".doc" there was no salvation）。这种情况极大地惩罚了微软之外的独立企业，首先是苹果。由于长期合作伙伴 Adobe 的支持，除了将 Mac 机用于图形和多媒体制作工作流程的"创新部门"之外，Mac 机还努力找到自己在商务领域的立足之地。Adobe 公司发明了后脚本语言（PostScript language）[1]，发布了首款专业的图像处理软件 Photoshop，它不看好 Mac 机的市场，所以就把自己的软件套件转移给微软，于是 Mac 机的使用越来越不需要，"100% 窗口"方法越来越吸引人，结果引起美国竞争管理机构的怀疑。

可扩展标记语言 XML 是微软公司最热心推进的产品之一，也是它最大的贡献之一。XML 的到来很大程度上与它对苹果公司的拯救联系在一起。早在 1997 年，苹果采用了微软的 XML 语言，几年之内，微软的 Office 套件和探索浏览器快乐嬉戏的高墙就坍塌了[2]。

---

1. Adobe 为苹果开发的后脚本语言（PostScript language），连接计算机与激光打印机，启动办公室自动化和所谓"你之所见即你之所得"（What You See Is What You Get），其表达结果是初始意图的保真：矢量图形里的布局、字体、贝塞尔曲线，全都忠实地翻译成这个由打印机解读的页面描述语言。

2. 2000 年，第一款 XML 格式由 Excel 引入。2002 年，Word 也引用了这样的格式。2005 年，微软提议用下一款标准化格式的 Office Open XML。2006 年底，这款格式获 ECMA 和 ISO 批准；2007 年，它以相应的文件扩展名 ".docx"，".xlsx"，and ".pptx" 融入了 Office 套件。2012 年完成这一转化，见 https://www.infoworld.com/article/2618153/how-microsoft-was-forced- to-open-office.html。

如果我们要向他人开放，我们不妨向世界开放；因为译者不再是必须，我们不妨说世界语，即使那意味着用新词语丰富它。已扩展的标记语言 XML 本身就在进化，或者更准确地说，它是超文本标记语言 HTML 的延伸版。这些标记语言的特征是，它们的编成是一蹴而就的，并没有翻译成机器容易执行的代码，而是大多数人不可读的语言。相反，它们是开放的语言，任何人都能访问，都能反复部分或全部使用这些语言：这个特征并不会删除版权，但它仍然确保访问和模仿的权利。为了使你明白这个道理，你不妨要求你的浏览器显示你正在浏览的页面的源头，源头是用英文所写，辅之以首字母缩略词或标记，以扩展其属性或解读其文本。有些元素是文本本身，有些元素是对远程内容的调用，另一些元素是页面直接包含的函数调用或远程可用的函数调用。甚至对于任何想要理解它的人，连 JavaScript 语言代码都是可读的。当然，为了读懂它你有时必须要学习它。1996 年的 Wanadoo 主页[1] 不仅仍然可以用现在的浏览器显示，而且其结构很简单，一看就懂。当下的网站比它要复杂得多，有些内容难以寻找但仍有迹可循，包括一些多媒体内容：这就是为什么你可以复制任何网站的图像，也可以下载一些只供观看的网站上的视频（有许多供下载使用的软件或抓取服务），还可以储存网站的片段或其他服务或应用的内容（谓之网页剪辑）。人人被赋予掀开网页封面、阅读其代码开卷的能力，这就是模仿和灵感的源头：网站上的新行为常常通过页面的源代码传递其秘密，足以使

1. https://j.mp/wanadoo-v1

人从这个设计元素开始，予以适当修正并使之适应自己的产出。

我们在这里发现代码对用户的双重用途：计算机既是使用的工具，又是创新的工具；网络既是阅读的环境，又是书写的环境；既是消费的环境，又是生产的环境。这种消费者/生产者双重性的最好证明是所谓的 Web 2.0，博客使 Web 2.0 流行开来：用一个简单的互联网浏览器，就可以生成内容，他人用同样的浏览器就可以消费你生成的内容，通向互联网世界的窗口是可以双向穿越的。同一本书可以在原地重写。XML 拓宽了 HTML 的范围，使人能描绘更复杂的、更繁复属性的物体，拓展的意图不是让读者/写手操作，而是由应用程序操作。任何结构化的文件，结合内容、显示规则和复杂属性，都可以用已扩展的标记语言 XML 来描绘，可以用其他应用或服务操作，而其结构不会被扭曲，只要标记的解释有共识，只要覆盖在描述任何文档、电子表格或演示文稿的常见属性的 XML 语言上有共识，结构化文件的结构就不会被扭曲。

格式的开放使这一场博弈重新开启。这一场哥白尼式的革命在新开放格式的互操作性上有一些曲折。革命的标志是 2006 年 9 月微软发布的开放规格承诺书（Open Specification Promise /OSP），微软承诺不起诉利用它的 Office XML 进行语言规范的任何人，即使那是用于商业目的，包括用于免费软件的开放。于是，许多开发商着手创制替代微软 Office 套件的产品，取得了不同程度的成效。有些开发商发现，格式仅仅是保护，才干才是成功的关键。苹果没有被抛在后面：早在 2003 年，乔布斯制作公开演讲文稿的软件就是在以主旨讲演的名义被兜售，他用的软件和微软的 PowerPoint 格式兼容。2005年，他的第二款主旨讲演加入了所谓"内部"文字处理器Pages——这款文字处理器能打开、编辑文件，能用微软的Word格式生成和导出文件，而很少或完全失去格式、评论或连续修订。苹果的Pages长期被视为新的微软Word，只不过更优雅一点，随后苹果推出电子表格编号（spreadsheet Numbers）。整个演变过程用macOS机的操作系统集成为mac机的标准。苹果仿佛对它的救世主微软嗤之以鼻，它生成自己的文档格式，借以和微软的Office套件"竞争"。苹果"土生的"Pages文件不能用微软的Word打开；反过来，它的Pages却可以打开Word文档。2005年，苹果与微软Office的竞争加剧：OpenOffice套件免费，有121种语言的开源版本，占"公司"市场的15%；如今，有些政府出于经济和政治原因而推荐OpenOffice，它也基于开放的xml文档格式，与大多数操作系统兼容。这既是潜在优势，又是性能障碍：功能和用户界面必须同质同构，因而不得不与其主机的图形化环境的最小公分母对齐。结果常常是丑陋的。

一个新的玩家亮相：谷歌出场竞争。彼时的谷歌是搜索引擎，还不是软件或操作系统的出版商。它的路子大不相同，它供奉浏览器，使之成为消费和实施互联网服务的环境。如果说Web 2.0为网络浏览器生成的内容开路，这些内容还局限于输入的内容、送上网的图像或与其他内容的连接。我们还不能谈论计算机上可用软件意义上的应用程序。Ajax[1]之类软件"技术"的出现使本地显示和远程

────────────

1. Ajax是异步Javascript and XML的缩略词。这是开发非同步应用和服务的方法，它使表现层和数据收发层解耦，使动态更新页面某些成分因而成为可能，重新加载整个页面再无必要。

机存取存储器：数字技术革命的故事

处理解耦成为可能，改变了游戏规则。

2005年，智能写作和阅读辅助工具 Writely 问世，次年初即被谷歌收购，XL2 网络随即问世。由此可见，谷歌文件在一定程度上是 Web 2.0 和微软 XML 启动的文件格式交会的结果。

谷歌文档以一种激进的方式解决了同步问题：由于该文档是唯一的，同时"存在"于谷歌的服务器上，而且任何使用新近浏览器的机器都可以访问，因此它没有必要在协调本地版本之间平衡。备份和修改都保存在同一个"地方"。这样的处理方式还可以从一开始就考虑对不再需要从一个文档发送到另一个文档的实时协作。它还解决了协调几个用户之间的各种修改的噩梦。从现在开始，这些用户只需要彼此跟踪，每个用户就可以从前一位使用者所审查的版本"开始"，以避免对不同版本进行并行的修改。由于有几只手同时写相同的文本，起初可能有非常混乱的感觉，因为几个人实时逐字跟踪所有书写者的书面生产；不同颜色的光标围绕杂乱的碎片文本跳动。2010年出现了一种可能性：可以在本地存储 Web 应用程序的数据和功能，从而确保体验和使用的连续性，无论用户是在线还是离线。重新连接时，"隐藏的"数据就在后台与服务器同步了。

浏览器越来越先进，Web 应用程序的功能和界面就越来越类似于桌面版本或移动对应版本。在 WebRTC 技术的支持下，部署完整的实时通信服务成为可能，包括文本、语音和视频信息。内容的充实导向 HTML5 标准，据此标准可以设计一个完整的用户体验，几乎可以取代操作系统，包括智能手机上的操作系统：Mozilla

的火狐操作系统就有这样的雄心。许多例证可以说明这种界面和体验的连续性，无论微软的 Office、苹果的同等套件或支持协作功能的 Notion 软件，都可以说明这样的连续性。于是，同步化作为云的第一块基石就这样奠定，供用户使用了：互联网基础设施和标准使用户可以借任何机器使用互联网的应用和服务，数据始终如一的维护就有了保证。同时，所有访问点之间甚至所有用户之间数据的保存也有了保证。如此，个人电脑曾短暂删除的数据（包括语境数据和使用偏好数据）就回到基础设施的中心了。[1] 即使处理能力在终端积累，即使它位于网络表面，它还是继续把用户的使用吸引到终端，由于终端的多样性，使任何地方的终端永久同步的需求就难以抗拒了。

云的第二根技术支柱是虚拟化，虚拟化包括让其"运行"的机器的执行部门和操作系统分离，以便在物理上独立于其运行的"主机"。早在 1989 年，前 IBM 员工里的一个团队就在得克萨斯州设计了一种解决方案，允许几个用户在自己的机器上访问远程软件，他们可以用不同操作系统的服务器运行。由于 Citrix 与微软的复杂关系，这款软件颠簸前行，颇为不顺。1991 年，这家公司几乎停业，然后才推出第一款"瘦客户端"（thin client）编辑器；该编辑器能访问运行 Windows 的服务器。道路漫长，充满了陷阱、收购和重组，但方向已定。

---

1. 个人电脑的承诺之一是原地自主权，是打破客户 - 服务器范式。在这个范式里，一个"哑"外围终端向中央服务器发送请求，由其集中处理。

虚拟化一台机器，使之运行不同的操作系统和不兼容的环境，这意味着对底层硬件的忽略。从理论上说，模拟处理器并即时翻译要它处理的指令总是可能的，但这种方法极其困难，并且消耗大量的计算资源。相反，如果硬件资源尤其处理器对两个操作系统都是通用的，那么情况就会发生很大的变化。一个著名的例子是 2005 年苹果宣告向英特尔处理器的转移。这不是苹果的第一次迁移，1994年它曾放弃摩托罗拉的处理器及其 680XX 系列架构，改用 IBM 开发的 PowerPC 平台。苹果 2005 年选中英特尔，英特尔正是无可争议的 PC 处理器大腕。对一些苹果粉丝而言，这既是一个不受欢迎的惊喜，又是一个明显不过的选择。自乔布斯 1985 年离开苹果后，苹果曾经几次考虑这一转型，但从未成功实施，原因有好几个。直到2006 年，完全的转型发生了，比宣告的时间快得多。通过 Rosetta技术，苹果应用程序保持与 PowerPC 应用程序的兼容性，该 Rosetta技术允许指令在英特尔处理器上进行即时翻译和执行，且没有任何明显的性能损失。苹果选择英特尔也是大手笔战略，使它的 Mac 机受人尊敬：Mac 机上运行微软的 Windows 操作系统成为可能。到2006 年年中，BootCamp 的测试版发布。该软件使配置新的苹果机器成为可能，以便使之在苹果 MacOSX 和微软 Windows 两种操作系统下运行：你的机器可以在家里和办公室运行了。尤其对开发人员来说，一台机器允许在不同的环境中编码和测试软件，同时又与 Unix操作系统保持一定程度的邻接性（苹果在"改编"版中将 Unix 用作用户界面引擎下的引擎）。当然，这两种操作系统不能同时运行，而是先后使用相同的硬件资源。先后顺序运行的操作系统难道不能平行工作吗？虚拟化的道路迈出了决定性的一步，PC世界的发布商Parallels[1]和服务商VMWare都说明了这一点。虚拟机本身成了一个对象，不再以实例化来启动机器，而是要执行一个程序了。将服务器作为一款纯粹的抽象软件，将一台物理机器的功率分配给几台虚拟机，然后将一台虚拟机的功率在几台物理机之间交互配置，最后根据每个实例化的资源需求即时执行这些操作：一切都可以用键盘触手可及了。根据需要，动员一个机器停车场（machine park）可用的处理能力成为可能，自由可用的剩余功率容易获得：整个基础设施的动态平衡本身就成为软件优化的主题，条件当然是物理机器的互联足够快。

本质上，这只是从网络表面向中心节点的回摆，就像分布式计算项目SETI@Home的倒置。这个惊人的项目是伯克利在世纪之交开发的，旨在动员志愿参与者个人计算机的计算能力，每个志愿者分析来自射电望远镜（包括阿雷西博望远镜）的数据包，以识别"地外星智慧"的表现。这场分布式计算实验基于软件，只在参与者电脑"休息"时调动其算力，不干扰其本地使用。项目发起人的目标是动员5万到10万用户，实际上有500多万人参加，这一结果使SETI@ Home的整体算力进入2008年的《吉尼斯世界纪录大全》。

---

1. Parallels 成立于1999年，十年后进入辉煌时刻，其并行桌面（Parallels Desktop）允许在一个 Mac 电脑上配置、启动和管理多个 Windows 虚拟机。2018年，该公司被加拿大出版商 Corel 收购。Corel 这家绘图和图像编辑软件公司曾有过辉煌时刻。2020年，Corel 又被谷歌用 Chrome OS 和 Chrome 收购。

亚马逊就在此刻登场，它起初谨慎地，接着出人意料地击败硅谷，并逐渐主导云计算市场。这个"单纯在线书商"领导的闪电战植根于书商杰夫·贝索斯（Jeff Bezos）的两个长期决策：一是商业决策，二是组织决策。

从气质和经验两方面来看，贝索斯都是分析师[1]。他很早就对自己零售和网页显示速度的联系感兴趣。在顾客发现产品到他实际购买的过程中，如果网页的响应时间拖得太长，那就可能导致销售的损失。流行的名言提醒我们"时间就是金钱"，但这句话的数字版本有点不同："时间是很多钱，时间是需要计量的！"例如在 2012 年，根据亚马逊的计算，如果页面加载速度放慢一秒，每年就可能使公司损失 16 亿美元。五年以后，Akamai 公司的研究表明，一百毫秒的延迟使转换率降低了 7%。亚马逊确认，这样的延迟使其收入减少 1%。在商业领域，延迟不是技术优化的问题：那是它不惜一切代价要杀死的敌人。对电子商家而言，用一切手段对抗延迟是非常困难的，每一个网页都是一个活的目录，富有图片和服务，旨在吸引顾客的眼球和钱包。优化网站设计非常必要，但却远远不够。精心的空气动力学必不可少，一个强大的发动机也是必需的。

基础设施必需的能力不是平均问题，而是峰值的管理问题。在美国，紧随感恩节假期之后的"黑色星期五"（Black Friday），以大批人抢购高折扣商品而闻名。不寻常的黑色星期五是圣诞节开始的

---

1. 如果你曾经担任对冲基金经理，你就难以改变自己的生活方式了。

标志。虽然从销量上看，它已经被紧随其后的网络星期一（Cyber Monday）所取代，但黑色星期五是全年销售量的重要部分，不可忽视。因此，亚马逊决定投资的基础设施要能够一年 356 天以标称模式（nominal mode），它不与平均水平匹配，而是与峰值一致，以便在黑色星期五尽可能少地失去销售，因为那一天一切可能发生……因此，亚马逊设想了一个非常庞大的数据中心基础设施。

说到计算力，若以几毫秒计量的话，亚马逊已经有足够多的资源。但意大利一则品牌轮胎的广告词称："如果没有掌握力量，力量就是无。"它那种掌握在一件（本不该上网公开）的备忘录里透露出来。

史蒂夫·耶格（Steve Yegge）深谙亚马逊的运营文化和技术效率战略。他从事计算机开发，坚持写博客，致力于编程语言、效率和软件文化。他的性格奔放、语气暴躁，声誉仅限于他的同行。耶格 1998 年加入亚马逊，负责软件开发，2005 年应聘进入谷歌。2011 年 10 月，他不小心发布了一份（现已不存）谷歌 + 社交网络的内部备忘录，谷歌巨头推出谷歌 + 是为了与脸书和 MySpace 竞争。这一长篇博客很快被删，但为时已晚，内容已被他人复制；意外发现这篇长文的读者对其形式和内容很感兴趣。针对谷歌的产品开发文化，尤其筒仓式的方法，耶格在备忘录里提出了一系列有理有据的批评。筒仓式的方法妨碍谷歌及其用户的资源共享：直到 2011 年，你还得使用不同的账号和登录密码去访问谷歌平台的各种服务。最重要的是，这位急躁的博主详细介绍了他的前雇主"恐怖海盗"贝索斯用备忘录管理的方法，还特别介绍了其中一篇的内容。

贝索斯是备忘录狂人，他用备忘录传播思想，主要借以公告他的结论，更多是用于发布命令。史蒂夫·耶格记得的2002年那篇备忘录只有五个要点，大致是这样的：

1."所有团队都通过服务器界面公开其数据和功能。"

其想法是将代码和数据视为公共属性，并将它们这样暴露给企业的其他部分。在任何两个数据集或进程之间只有一个"官方"路径，而这条路径就在地图上。贝索斯备忘录的"第一原则"引向以下两项强制令。

2."团队要通过这些界面交流。"

遵守这第二项命令的唯一办法是记述这些服务界面，以便将其透露给公司的其他部门。自此，这些界面就能被人发现了。

3."不允许其他形式的进程间通信（inter-process communication）：没有直接链接，不直接访问另一个团队的数据仓库，不共享内存模型，没有后门。唯一允许的通信是通过网络和服务接口调用。"

没有选择，也没有捷径。所有的摆弄和修补都是非法的。所有的东西都必须记录下来，因此一切都触手可及。基础设施里的冗余消失，团队的效率提高，是因为他们可以专注于必须开发的技术，而不必浪费时间重新开发可以用上、不能再被忽视的东西。当一个特定的数据集或进程只有一条路径时，整个系统的复杂性就会自动降低。当一个应用程序不能满足一个新的需求时，当它的服务接口不合适时，它就要被更新，而不是绕过这个障碍。因此，更新后的接口将有利于所有未来的访问。

4. "至于这些团队用什么技术，那没有关系。"

贝索斯不是极客，他不在乎你用什么编程语言和代码片段。只要你有砖，而且你知道如何用砖盖房子，不管怎么样都行。无论服务接口是如何开发的，它们都必须向其他团队的进程开放，让其他团队使用。

5. "所有的服务界面都必须从头开始设计，以便向来自外部世界的开发人员开放。没有例外。"

这第五条原则是亚马逊天才老板的真正标志，证明了他非凡的战略眼光，将产生深远的影响。

向外部世界开放自己的基础设施，这需要安全保障：你设计服务接口，"好像平台之外的人可以调用这些接口"，这就提高了你平台的强劲性（robustness）；加上一层第三方识别，你就能追踪、鉴定、量化并最终控制他们对平台的访问，在量化和财务上进行控制。服务接口（一下称为 API）总是能让两个人高兴。有了 API，你受益于服务接口，不必自己开发或维护它。以谷歌地图为例，它向你的用户展示你经营场所的位置、直接计算访问的线路；因此你免于浪费时间和金钱另起炉灶去开发一个模块，这个服务接口对你的业务至关重要，其执行和维护却不需要你的控制。话虽如此，API的供应商也赢了。他们为你提供受控条件下的访问，并立下了规矩：使用谷歌地图，插入你网站的位置和方向有一定的限制，低于每月一定数量请求才是免费的。如果你超过了这个限额，你不仅向谷歌表明你成功了，而且你还允许他们为你设置一个定价和支付系统。如此供在控条件下享受服务基础设施，这是竞争优势的一种资源。贝索斯一直在阅读法国人类学家马塞尔·莫斯（Marcel Mauss）阐述的礼物论（gift theory）吗[1]？

第五项原则的应用既向外部人员开放，也强化了自己基础设施的可扩展性：让第三方卖家通过服务接口访问亚马逊平台，同时就强化了平台，强化了平台的使用和力量，使亚马逊得到补偿，使其经营的范围远远超越初始。

我们在这里谈论的几乎是"亚马逊机器"提供给其他商家的全部市场组件：产品的呈现和索引目录，促销的管理，购物车和支付的管理，以及无比快速的交付平台。说过这一切市场组件以后，除了提出独创的服务、吸引人的价格和充足的库存外，他们还能做些什么呢？在某种程度上，没有业务和客户的产品也成为分销机器的燃料。一个功能的每一次进化不仅立即有利于机器的功能，而且也有利于亚马逊市场的所有合作伙伴。这提升了他们的价值，他们不再试图去做亚马逊已经做得更好的事情。因此，第五条原则似乎是一个令人生畏的杠杆，对那些亚马逊允许使用其平台的人而言，这条原则就是一个强大的控制杠杆，加强了亚马逊对商家的控制：所允许的也就是可以禁止的。亚马逊享有驱逐的自由，凡不遵守运营商和供应商规矩的进场者立即被驱逐主亚马逊平台；长远来看不守规矩的商家也将被驱逐：亚马逊不断提高其功能和服务范围，垒高进场的障碍，挫败提供与其同等服务的企图。打开城门的同时强化

---

1. 马塞尔·莫斯（Marcel Mauss，1872—1950），"法国人类学之父"，提出"礼物"论，倡导权力的体现和寻求建立在馈赠本身，不需要直接的回赠。——译者注

城墙的防御，为居民提供了无与伦比的安全。但这还不是问题的全部：第五条原则为亚马逊提供了一个关于市场和消费者需求的详细和动态的知识，使亚马逊获悉尚未进其平台销售的产品类别。再以上文提及的谷歌地图为例，每当客户动用亚马逊的服务接口（API）去你的商店时，它都会间接地让谷歌知道亚马逊集水区的特征、其运营的"高峰"时间、其业务成功的时间演变。只要你的一些客户成为谷歌银河系其他服务的用户，谷歌巨头对你客户的了解就比你多。亚马逊平台的基础设施组件逐步增多，许多第三方卖家遂依赖亚马逊的支付功能和商务物流，它们就无须开发任何产品目录和定价政策以呈现给亚马逊的客户群了。

自 2002 年起亚马逊就强推的技术选择是它巨大成功的源头，它在当今的"销售机器"里占据了中心地位。数据统计公司 Statista 追溯自 2007 年以来亚马逊市场力量的崛起：实际上，亚马逊完成的销售额多半是在附属于其平台的第三方卖家的实体店里完成的。整个市场有助于亚马逊的市场覆盖率，对亚马逊销售和利润的发展做出贡献；不仅如此，这个市场还为亚马逊提供了体内市场（vivo market）研究，使它能进入前客户或合作伙伴退出的部分业务，还能进入未来竞争对手的部分业务。这是方法、管理和文化上的彻底改变，历经好几年才能完成，而且很痛苦。到 2004 年，亚马逊的信息技术基础设施得到了优化，快速、可靠和低成本地部署其他的能力就成为可能。2007 年，在那篇著名的备忘录发布五年后，亚马逊的市场部署完成了：对于那些对永恒再创造不耐烦的人来说，这是永恒的命令，那些具有前瞻性眼光的人，那些花时间达成贝索斯长期目标的才俊无须这一命令。

如此，一切配料齐备，围绕亚马逊科技云（Amazon Web Services/AWS）的摇篮，仙女们翩翩起舞：

1. 虚拟化使远程虚拟机的实例化和配置成为可能，简单的软件指令就可以达成这样的结果。

2. 算力和存储基础设施的规模，以吸收主要的峰值负载而不损失性能为准，因此在峰值负载之外的其余时间也用得上这些基础设施。

3. 亚马逊科技云的创始者和领导人有着顽强的愿景和无情的执行力。贝索斯决定通过极端的服务接口抉择，以期永久性地优化其软件基础设施的开发和维护。从一开始，这些服务接口的设计就为外部人员开放，他们调用亚马逊的基础设施服务。

这就是一位书商发明云计算的方式。

2006 年，他推出了第一个存储（S3）和按需计算（EC2）产品，很快就加上了一系列数据库和编排服务。不出所料，所有这些都是通过服务接口提供的，他还提供了灵活的处理能力：用可扩展方式租用处理能力是可以的，甚至临时租用几天或几个小时都可以。

2010 年，我在剑桥遇到一家初创公司，它正在开发一个特定的搜索引擎，因此需要定期扫描网络，以便对其内容进行索引。亚马逊科技云的 EC2 服务允许他们这样做，他们不需要在服务器机架方面进行丝毫的投资，反正他们自己的机架不够多，也不会是最新的。

每月一次，这家公司在亚马逊科技云上启动保留机器实例，根据脚本的指令描绘自动配置（一个文档描绘如何设置和编排虚拟机），然后以分布式方式推出索引活动收集的海量数据；几个小时后，仍然在这个虚拟基础设施中，这些数据被汇编和分析，其处理结果非常紧凑，被下载到位于剑桥的初创公司的服务器上。过后，亚马逊的配置脚本将触发关闭和清理程序，所有实例都予以注销。整个操作过程历时不到 36 个小时，动用了数千台虚拟机。亚马逊科技云这样的操作是前所未有的。在此之前，在如此有限的时间内且无投资的情况下就获得这种能力是不可想象的。存储和计算都成了商品，它们的价格表现是这样的：亚马逊网络服务及其竞争对手的价格取决于它们可用的能力。如果临时操作不紧急，它们可以在"非高峰时间"自动执行，只需支付"通常"价格的一小部分。顺便指出，容量部署执行起来非常简单，因为你设计或设想的所有基础设施都包含在一个简单的脚本文件里；很难想象会有更高层次的抽象！

这场技术革命将对许多公司及其成本结构产生非常具体的影响。它深刻地改变了资本支出（CAPEX）和经营支出（OPEX）之间的关系，有利于后者。计算和存储基础设施的可变性和远程控制使基本足够的吞吐量成为可能，在某些情况下使企业无须专有并维护自己的基础设施。软件的情况亦是如此，软件商采用软件即服务（SaaS）的方法，它允许商业软件整体外包，根本上简化了人人维护自己软件的局面，包括那些需要的软件。软件的更新不再通过集成器安装在每个客户的工作场所，所有的用户都可以立即用上这些更新的软件，因为只有一个图解的代码库。对初创企业而言，这样的"范式转变"使结构更加简要：它们不必将筹集的资金冻结在服务器机架或软件许可证中，服务器机架或软件许可证注定要过时。仅在 2005 年到 2009 年之间，初创企业在这方面的成本就减少了九成。这要归功于一般的云计算，特别是亚马逊科技云。

与行业里喜欢说的"吃自己狗粮"一样，亚马逊在 2010 年底宣布，它已经将所有电子商务服务迁移到自己的亚马逊科技云平台上，因此与"外部"客户共享它的 200 个服务接口。在起初的前六年里，这个平台的商业数据无法进行详细分析，因为它们被隐藏在亚马逊的季度业绩中。直到 2013 年，这个平台才被视为一条独立的业务线，其商业数据才能分析出来。到 2012 年底，分析师预计该平台年收入为 15 亿美元；一年后，亚马逊科技云报告了的收入是这一数字的两倍。随后，该平台年收入呈指数级增长，达到 450 亿美元，在八年内增长了 30 倍！2015 年，其营业利润率接近 30%。一个巨人诞生了。

从一开始，亚马逊科技云服务的强劲性、成本控制、灵活性和发展速度就成为谷歌和微软最可怕的噩梦，谷歌和微软是这个新市场的后来者：无论其投资多么可观，它们未必能提供速度和敏捷性。连争取美国政府的合同也败下阵来，亚马逊科技云赢得了一份价值 6 亿美元的 IT 基础设施合同，而且是中央情报局的！当然，这和奈飞之类民用合同不可同日而语。中央情报局不可能将其数据存留在别人的电脑上。相反，它需要确保其基础设施始终是最先进的，而亚马逊就是最先进的。该交易包含购买和安装一份完整的亚马逊云数据中心的副本，还包括一项升级条款：总部在西雅图的亚马逊巨头承诺，亚马逊科技云上部署最新的服务或技术，定期升级其基础设施。CIA 是亚马逊及其两个竞争对手共同追求的第一个政府机构。谷歌既拥有标准的庞大基础设施和职业标准的软件技术，也读过亚马逊创始人史蒂夫·耶格机密的备忘录。微软运营自己的基础设施，满足其在线服务的需求，为企业提供"软件即服务"（SaaS）的软件，特别转向通过订阅为用户提供 Office 套件。市场的竞争已然极端惨烈，风险极大。信号之一是竞争还转移到司法领域，具有象征意义的公共合同竞争激烈。无论是美国国家安全局授予的合同也好，或是法国政府托管的卫生数据也好，还是一个德国倡议成为欧洲标准也好，都遭遇了激烈的竞争。欧洲云计划（Gaia-X）正在寻找失去的数字主权。数字主权曾经被获得过吗？

亚马逊发明云计算十五年后，全球企业仅在云基础设施服务上的年度支出就超过了 1 250 亿美元。现在，全球企业的这笔支出已经大大超过了它们在数据中心硬件和软件上的直接投资。对 IT 资源的访问似乎明显优先于 IT 资源的所有权。然而，政客们仍然在争论云计算且态度两极分化，而高管、企业家和开发商的争论则比较少。两种理性的路子围绕云技术的利弊展开争论。

第一条路子是围绕成本的争论。无论时间成本、内部项目投资的成本或创业投资的成本，由于可变的、非常容易调整的成本，单单使用云技术就可以使成本降低九成。单凭一张简单的信用卡就可以启动一个项目，长期以来就是一些首席信息官的噩梦。几年前他们就发现自己的公司里游荡着影子 IT 的份额。一旦公司业务成熟、增长放缓、活动稳定，基础设施服务在经常性成本里的权重的问题就出现，就会超过一定的规模，若干模型就会显示，让基础设施回归公司周边元素有很大的好处。安德森·霍洛维茨基金（Andreessen Horowitz fund）发表了一篇非常详细的分析报告《云悖论》（*The Cloud Paradox*）：没有它创业是一回事，用它走得太远是另一回事。

第二条路子是围绕主权的争论，所谓主权就是决策和执行的自主权。这涉及公司主权和国家主权，主权也可以被视为搬迁的自由，包括在安德森·霍洛维茨报告提到的一种自由：公司迁移时搬走基础设施的自由。如果创业时没有考虑到搬迁的可能性，自由的代价就因为对云的依赖而迅速攀升：云服务不仅使资本支出（CAPEX）转化为经营支出（OPEX），而且还增加了客户端和现实的一层抽象关系，这层抽象的关系由几十个专有的服务接口组成，你必须学会掌握这一层关系，却牺牲了一个更标准和开放的底层。既然这一层很复杂，而且由别人来包办，为什么不简化你的生活呢？尤其它使你不必掌握高成本的技能时，何乐而不为呢？即使并非根本不懂，经理们并非总是欣赏这样的价值。

这一切都可以归结为一个问题、一个名词和一个形容词："我同意的依赖项是什么？"（What are my agreed-upon dependencies?）无论这些依赖项与数据主权、部署可逆性、多个供应商之间的分配是否与成本控制有关系，它们都阻碍了用户的自主权，都与公司内部技能的丧失有关。无论主权是什么，它首先是一个技能问题。只保留那些确定解决方案的工程师，保留经过培训和认证的专家，甚至将这些方案分包给外部的服务提供商，这就是同意不可逆依赖项（irreversible dependence）的最可靠的方式。

剩下的唯一问题就是，这样的依赖是多么严重。

本章思考题

总之……你呢?

多设备是需要同步数据的根源。备份是其中的一个用例,主要的目的是信息的普遍性和可用性。

移动设备的兴起对数据同步化做出贡献,智能手机的功能像计算机一样强大,智能手机长久不断的连通性使考虑远程和不断的同步和更新成为可能。

超文本标记语言(HTML)延伸至其他文件格式,浏览器能管理使用语境和执行默写过程的能力,这就是 Web 2.0 的源头,浏览器生成内容和服务的源头也在这里。

机器的虚拟化使得在一个简单的脚本文件中总结它们的配置成为可能,一次单击就可以部署虚拟基础设施、开发、测试和服务环境,使用时间从几个小时到几年不等。

机器虚拟化以后,在一个文档里总结其配置就可能了,一次点击就可以部署虚拟基础设施、开发、测试和服务的环境,就可以用上几个小时甚至几年了。

云是我在别人电脑上的数据,也是我电脑上的数据,这就使同步化和分散化成为可能。

云计算是一种可能性,借助应用程序接口(API),你就可以计量使用情况、预测需求了。

云计算是一种横向集成方法，但对部署和操作它的人则不是横向集成方法。

云计算意味着获取云端数据的简化，代价则是依赖性增加。

作为总统候选人，你有关数字主权和云计算的讲演词有多深刻？你是否考虑过技能主权的概念和培训工程师的挑战？

作为商界领袖，你是否在这些问题上考问过你的财务主管和技术主管？你知道重返你的基础设施周边所需要的是什么吗？

你是企业家，你考虑过自己基础设施的未来吗？

▶▶

第九章

—

数字经济的
悖论三角

2011 年 11 月 4 日下午 4 点。法国储蓄银行（Caisse des Dépôts/）副总经理办公室。使命投资计划（未来投资计划）、财务部和总投资专员的两名代表的首脑会议。代号：仙女座（Andromeda）。主题：项目的产业治理，更具体地说是即将就任的首席执行官的薪酬。

今天很难还原那个"未来投资计划"（PIA）最初的情景。原因很简单，如今的机制已牢牢确立，PIA 已经成为公共机构依赖的一个缩略语，用以描述（额外）预算行动的多种工具和杠杆。这种时间漂移成为说明国家在数字经济领域的作用存在的深刻悖论之一。

2008 年的金融危机始于美国，并迅速扩散到其他经济体，"山姆大叔"深谙其监管、国债和金融部门的错误，次贷危机就说明了这样的错误。

欧元区的拯救和对经济复苏的需要在政治和经济史教科书里已有充分的记载。这场危机的量级被认为是独一无二的，所以法国的应对也必须如此：2009 年夏天一个大规模的复苏计划宣布，一个两党委员会成立，由两位前总理共同担任主席。2009 年 11 月，两党委员会发布了声明。

两党委员会建议用一种独特的机制，在筹资规模和程序上都独特。萨科齐总统的"巨额贷款"动员了 350 亿欧元，专门用于"未来投资"，未计入欧盟委员会设定的"马斯特里赫特"赤字限额。法国在这方面已经"出格了"，但这种预算外做法将使法国维持与欧洲框架的兼容，至少无须额外努力。当时，350 亿欧元的贷款令人吃惊，因为那是一笔巨款。部分由这个融资框架决定的大借款筹资方法同样是创新的：很大一部分即 230 亿美元是"非消耗性捐赠"，也就是说，捐赠存入财政部账户，其利息（约为 3.14%）120 亿欧元可用于融资，托付给公有制经营者（164 家），仅储蓄银行就负责 80 亿美元的直接投资。

任务、程序、行动和操作者之间的分析既有记录又很复杂。这样的分析甚至包括已启动项目的回收利用。监督委员会和法国审计法院的报告将允许跟踪事态发展。该计划的时间范围约为十年，十年到期时资金将直接或间接地返还给国家。克里斯汀·拉加德（Christine Lagarde，时任法国财政和经济部长，现任欧洲中央银行行长）说，那笔大借款授权产生额外 0.3% 的增长，由此产生的税收收入成为自筹资金。

这个非凡项目的治理是政治智慧和实用主义的结合。在政治层面上，朱佩 – 罗卡德（Juppé–Rocard）的两驾马车确保了非党派的做法。公有制运营商的寿命超过任何政府，可以确保世事交替时的连续性。历史可以证明这个选择是正确的。为了避免任何受诱惑的部委融资，不加重预算赤字，项目的协调和执行托付给一个小团队，他们直接向总理报告，总理唯一的作用是保证最终正确使用 350 亿欧元的"巨额贷款"。法国投资发展总署（Commissariat Général à l'Investissement）于 2010 年 2 月 22 日成立，雷内·里科尔（Rene Ricol）为首任专员。他是萨科齐总统的密友，也是一名志愿者，身边有一个非常干练的团队，团队成员都是各自的部门公认的行家。一部五十二分钟的纪录片《大额贷款人》（*Les Hommes du Grand Emprunt*）描述了这些"巨额贷款"的人物，表现了他们的使命精神，他们专注于行动，能迅速决断，果断停止不起作用的项目。

2011 年，由于债务危机的到来，最初"巨额贷款"的命名似乎过于令人焦虑，遂逐渐被"未来投资计划"（Investments for the Future Program）所取代，其两侧是两个不可分割的首字母缩略词 PIA167 和 CGI168。[1] 政客们既渴望博名，又渴望更名。

因此，法国储蓄银行是"未来投资计划"的经营者之一。这家银行有近两百年的历史，其使命难以描述，但每个法国人都对它有信心，良好的声誉和它负责的巨额资金相称。它受委托负责"未来投资计划"120 亿欧元中三分之二的贷款，原因之一就在这里。它还通过其下属的储蓄银行管理公司（CDC）在直接和间接的投资（作为有限合伙人）上享有公认的专业知识。

最后，法国储蓄银行的数字部门享有名副其实的声誉，在一些地区尤其出名，为地方政府及其基础设施的许多项目融资。它之所以受委托管理"未来投资计划"的数字技术融资，其声誉无疑是原因之一。大量的融资要归功于一位年轻的女士，她拥有法国理工

---

1. 见多识广的观察家和调侃的评论员会注意到，"PIA"一词已经进入了通用的预算语言。我们现在已看到"PIA4"一词，原本应该是单一操作的业务已成为额外的融资工具。

学院的 MBA 学位，是负责前瞻规划和数字经济的国务卿，在"巨额贷款"使用的谈判中表现出远见和坚韧的品格。娜塔莉·科修斯科 – 莫里泽特（Nathalie Kosciusko-Morizert）为数字经济争取到 42.5 亿欧元的投资。

"巨额贷款"的行动涉及几个主题和融资方法，因此委托法国储蓄银行主持。这样的贷款包括部署高速宽带（主要是光纤）的共同筹资，在全国各地尤其是电信运营商不感兴趣的地区部署。70% 的电信基础设施成本仍然是土木工程成本，与二十世纪的情况不同，二十一世纪不再有国家垄断的全国基础设施，不再有一个统一的费率，但通过费率的均衡化确保了完全平等的公民的互联网接入。

10 亿欧元用于国家的特高速计划，根据非常精确的规范，为地方和国家谈判的公共网络提供共同融资。加上 10 亿欧元的贷款，这些融资提供给希望加快自己业务的电信运营商。只有弗里公司一家运营商去巴比伦街与法国投资总署和法国储蓄银行管理公司（CDC）洽谈融资，但没有下文。10 亿欧元融资的目标是在法国领土为"未来投资计划"部署光纤：十年和十年后的发展（包括卫星或最偏远地区的 4G 连接，不能等待）；无疑这既加重了农村的隔离，又有助于发现远程田间作业的价值，使光纤覆盖地区第二住房的价格显著上涨……这一目标或多或少实现了。用于数字经济的其他融资包括合作研究项目的共同融资，如果成功，对应的结果将是营业额的版税或补助款的偿还。对风险投资和初创企业的支持也是 10 亿欧元共同融资的重要组成部分。

这种路径乍一看似乎不协调，导致评论界偶尔毒辣的反应[1]。然而，这种做法根本上是对整个风险融资行业时间上的不对称所做的回应：管理公司比委托给其管理的资金要脆弱得多。在这个高风险的业务里，一旦被认购后，大多数基金的寿命只有十至十二年；它们定期向经理支付报酬，这些费用随时间而递减，遇到清盘、收购或首次公开募股时还要附带权益补偿，而这些事件本质上是不可预测的。

大多数管理团队通过筹集和管理几只不同期限的基金来度过这样的风险，然而如果金融危机导致订购流枯竭的时间过长，这样的举措并不足以度过危机。一方面，筹集一笔新基金是一种极其烦琐、呕心沥血的过程，需要许多同步参与者的订购意图，以便在交易结束后的短时间内将其转换为实际的支付。这是盎格鲁-撒克逊意义上的信任和驱力问题；另一方面，如果集资关门延宕，整个市场很快就会获悉，如果在十八到二十四个月内还没有结束，管理团队就进入一个风险区域，声誉和融资都要蒙受损失。如此，管理公司就会比它融资的初创公司更加脆弱。因此，一场导致风险资本市场枯竭的长期金融危机，可能会对其很大一部分管理团队产生重大影响，他们的合作关系将迅速瓦解。相反对客户而言，没有什么比一个未经验证的团队更讨厌的了，未经验证的个人和团队都令人讨厌。

所谓"第一次基金，第一次团队"（first time fund, first time team）不仅是团队为融资项目接洽潜在客户的借口：风险投资是

1.法国国家数字委员会副主席吉尔·巴比耐（Gilles Babinet）尤其反对这条路径。

由规避风险的参与者提供资金的，没有什么比业绩记录更令人放心。风险资本是风险规避者融资的，没有什么比手头事务的跟踪记录（绩效历史）更令人放心，跟踪记录比管理团队更令人安心。话虽如此，团队的记录是通过基金的寿命和半数的基金来衡量的。团队的记录在十五到十八年内确定：在这个时间框架内，团队筹资、投资、退出、回馈用户的表现至少要相当于基金的规定，它筹集下一个基金的能力要确立起来。简单地说，解散成功的风投合伙关系只需要两年的时间，而重建一个可比性能的公司则需要十五年的时间。这就是"未来投资计划"为风投行业提供基本支持的原因，否则法国初创生态系统将花费十年以上的时间。因此动员了 6 亿欧元的种子资金，3 亿欧元的直接联合投资，1.5 亿欧元用于生态技术。每次决策都是"做事而不空谈"的问题，都要完成几轮融资。基金的认购、初创企业的共同投资不是系统进行的，而是应该在平等基础上进行，以确保与其他相关方的利益一致。

这就是数字经济三悖论里的第一个悖论：长期和短期对立的悖论。项目的治理和雷内·里科尔团队的干练使这个问题得到解决，在一段时间内这个路子证明是有效的，包括在 2012 年的总统交接期。连续性很大程度上得到了保证，只是在边缘做了一些调整，例如将"国家宽带计划"更名为"法国宽带计划"，FSN PME 基金会更名为"数字基金会"（FAN）。数字经济中的融资机制也能够适应新总统的竞选承诺之一的快速实施：公共投资银行。在股权融资方面，国家和法国储蓄银行为战略投资基金（Strategic Investment Fund）出资 50%。在资产负债表的底端是法国创新基金 Oseo，几年前法国储蓄银行属下的管理公司 CDC 应政府要求持有 Oseo27% 的股份。为了平衡交易和实现平等所有权，法国储蓄银行贡献了其子公司 CDC。尼古拉斯·杜福尔克（Nicolas Dufourcq）受委托组建这个公司，公共投资银行遂于 2012 年底成立，第一次董事会会议于 2013 年 2 月在第戎召开。最初，用于数字经济的"未来投资计划"基金的影响是很小：法国储蓄银行只是几亿欧元的公共资金（你我的税收）的用户，代表国家在风险投资基金里投资，基金的管理委托法国储蓄银行的子公司 Bpifrance 执行。

从"未来投资计划"的最初几年起，我将在这里回顾其两次大的冒险：一次灾难，一次成功。让我们从灾难开始，然后回到本章的起点：仙女座。早在 2009 年，时任总理弗朗索瓦·菲永就强调了在主权云里建立公私伙伴关系的必要性。上个世纪末，他是电信通信投资组合的持有人，推进法国电信私有化，因此在这个问题上，他至少比大多数政治家更敏锐和警惕。"未来投资计划"将为仙女座项目提供一个框架，为几个产业合作伙伴保留 1.35 亿至 1.5 亿欧元的贷款：国家的股份不超过 33%，因此这是一个可以设想的雄心勃勃的创业项目。

联盟组成了，奥兰治公司负责基础设施，泰利斯公司负责安全，软件应用归达索系统公司（Dassault Systèmes）。它开始与法国投资总署进行讨论，非常活跃，已经确定了一位未来的首席执行官，甚至与候选人协商了一揽子计划。2011 年 11 月 4 日的会议主要是在未来的公众股东之间讨论上述方案。我应邀担任一家初创企业的首席执行官，并就未来 CEO 的薪酬发表我的看法。除了非常慷慨的固定和可变薪酬组件外，该方案还包括融资渠道，但风险较低这一表述更加可疑：该公司已经资本化，因此不需要从风险投资基金中筹集资金。若授予该高管与未来表现相关的股票期权，风险也不低。因此，我表达了我的惊讶和持保留意见。达索系统已经为它的后继者谋划未来，它这个一揽子计划里的障碍，无疑是触发反弹的原因之一：

12 月 23 日，达索系统的首席执行官伯纳德·查尔斯（Bernard Charlès）在媒体上宣布，他关闭了主权云项目。他还说，他将向那些可能对他已经产生的所有工作和想法感兴趣的人提供资料。

奥兰治和泰利斯两家公司与政府协商正要达成协议，他们可以在没有第三个合作伙伴的情况下继续这个项目。达索系统公司却于 2012 年 1 月 30 日在 BFM 电台上宣布，它打算与其他玩家提交一个竞争项目。这个机会确实让电信运营商 SFR 很感兴趣，他们到 CDC（法国储蓄银行属下的管理公司）副首席执行官的办公室里展示自己的项目。SFR 自驱力强烈、志在必得，拜访我们的不是别人，正是 SFR 母公司维旺迪（Vivendi）的负责人让-伯纳德·利维（Jean-Bernard Lévy）。达索系统公司对此并不满意，讨论陷入了僵局。伯纳德·查尔斯期待，第三次也是最后一次协商会发布正式声明，但双方未达成一致。2012 年 4 月初，他在《论坛报》上宣布退出仙女座投资计划。主权云项目的酝酿花费了大量的墨水，却没有动用 1 欧元，也没有产生一个字节。

随后，电信运营商 SFR 寻找另一个工业合作伙伴；Atos 已经与 VMware 签约进行虚拟化，与 EMC 签约进行存储，并推出自己的产品 Canopy。SFR 最终与 Bull 交易并提出一个项目。于是，仙女座投资计划就有了两个需要调查的项目。二者或多或少采用了相同的规格，都结合了电信运营商、技术公司和法国公共机构，它们在纸上几乎无法区分。

奥兰治和泰利斯的计划从零开始，使用奥兰治即将在瓦尔 – 德鲁伊的数据中心办公用地，SFR 计划在现有数据中心的基础上再加强力量，更快运作、立即启用，虽然那是基于"老式"架构的美式虚拟化和可疑的能源效率。

所以，在 2012 年的春天，我们不是有一个而是有两个几乎相同的仙女座候选项目，和一个缺席的谈判代表。该选择谁呢？这个选择的问题很快就被另一个问题掩盖了，即谁来做出选择呢？法国人民刚刚在两位总统候选人之间做出了决定，顺便给"未来投资计划"（PIA）提供了一个治理的机会以展示其稳健性。第二个问题无法在 2012 年总统选举和随后的政府更迭之前解决，主权云的挑选过程一时无法进行。因此，新一届政府在 PIA 的篮子中发现了三个选择：不启动"主权云项目"、只启动一个项目、两个项目都启动；部分由公共资金资助，规模相同。一个由占主导地位的公共电信运营商 SFR 主导，另一个由与其挑战的私营商主导。客观上看，两者谁都没有比另一个更好。因此，这个"主权云项目"的方程式是政治性的。

政府支持连续性，排除了"停止一切"的选择。保留了选择一个的假设，以集中精力更快地达到至关紧要的规模，逐渐看来是不可逾越的。然而，选择一个就是对另一个说"不"，"不"这个词是罕有进入政治词汇的。于是，政府为自己的基础设施项目召唤主权云时，同时保留两个项目就可以得到辩护，至少在"表面上"是这样的：通过公众咨询将减少任何诱人的风险。然而这就意味着，公共机构将召唤他们信任的运营商，因为他们曾资助其创建，甚至支持其融资，这似乎是合乎逻辑的和联系一致的。毕竟，中情局不就毫不犹豫地授予了亚马逊公司一份 6 亿美元的合同吗？政府使自己安心的另一个论点是，博弈场很宽广，足以让两名玩家一开始就正面竞争。法国中小企业、创新和数字经济部长在 2012 年的夏天做出决定：应该搞两个"主权云项目"。

于是，2012 年 8 月底，仙女座投资计划的"SFR + Bull"的版本开始实施：第一批产品在 9 月初发布："SFR + Bull"的新公司 Numergy 基本上回收了 SFR 的基础设施和产品，Bull 向"关键"客户承诺，他们享有"主权"，直到主权云运营商 Numergy 建立三十个左右的数据中心，并部署自己的开源软件基础。2012 年 10 月 2 日，在法国文化部部长弗勒·佩勒林（Fleur Pellerin）出席的新闻发布会上，"奥兰治 + 泰利斯"的版本正式亮相，新成立的 Cloudwatt 公司将以开放堆栈为基础在瓦德勒伊县部署一套全新的基础设施。与此同时，一个针对中小企业的存储服务被推出，大肆宣传，并让柔道世界冠军泰迪·里纳（Teddy Riner）坐在云端宣传这个存储服务。

接下来的业绩不那么辉煌，正好说明了上文提及的时间悖论：在公共机构的眼里，主权云项目发展不够快，他们背弃随时间推移建设主权云项目的挑战［顺便说，他们忘记亚马逊科技云（AWS）不是一天建成的］，公共机构既不委托他们做战略项目，也不当他们的战略客户。

国家正在关注另一个完全独立的玩家，它已然成熟，掌握了端到端的价值链，设计了自己的服务器并提出报价。当然，其服务限于托管机器，在动态容量保存上绝对不能和云端的灵活性媲美，但它的创始人惹人喜爱，它的成功故事是不可否认的。一颗星星在公共机构的眼里诞生，这就是名为 OVH 的云计算巨头。它很快就获得了大众青睐，这犹如火上浇油，人们对仙女座两个项目动用公共资金的质疑更为加重了。这里不存在公共秩序，政治支持是短暂而脆弱的：在这样的语境下，长期的建设和部署是困难的。

治理问题迅速增加了这个"主权云项目"方程式的复杂性。虽然 Cloudwatt 和 Numergy 可以被视为初创企业，但它们在资源和技能上投入自筹的资金，建立了一个超级可扩展平台并提供服务，而且都是由行业资深人士经营，所以它们更习惯于大公司那一套经营和反应机制，不习惯比较敏捷的反应，不习惯经常重新配置的环境。

以云瓦特（Cloudwatt）为例，其治理经历了一个多余的、可能是致命的事件。2012 年 6 月，让－伯纳德·利维辞职，他曾经捍卫 SFR，支持它成为"第二仙女座"的股东；还没有等到 Numergy 成立，他就离开了 Numergy 的母公司 SFR 了。几个月后，泰利斯首席执行官卢克·维格隆（Luc Vigneron）被他的两大股东——政府和达索航空公司抛弃，让－伯纳德·利维取代他被任命为泰利斯的首席执行官。

泰利斯既是云瓦特的股东，又是其主要供应商。泰利斯出售其硬件和软件工具，以确保位于奥兰治数据中心云计算的"主权"安全。泰利斯提供的合同和服务，由创建云瓦特时所释放的资金提供，已经在上游谈妥，且没有任何特别的折扣。尽管有新旧公司集成的困难，但云瓦特平台建设的资金一开始就到位了。不满的情绪酝酿发酵。建立一个完整的开放堆栈平台需要时间。营销总监精心策划广告宣传，他曾效力"最后一分钟"和阿尔塔维斯塔两家公司，虽然他是程序优化专家，但"备用"的云瓦特服务平台并没有达到预期的成功。首席执行官自己面临的挑战也越来越大。此外，尽管自成立时起三个合伙人在出资承诺上已达成一致、公开宣布，但泰利斯公司开始就威胁不再释放三个股东一致同意的资本，而且在 2014 年初支付首席执行官的薪酬上提出条件。与此同时，泰利斯为合资公司释放的金额与最小股东按合同规定所获的量级相同[1]。奥兰治公司继续推广自身的柔性计算服务，因此与合资企业形成竞争关系，理由是合资企业的报价还没有准备好，没有为奥兰治作为供应商带来任何收入。到 2013 年底，公众开始猜测奥兰治和云瓦特会合并，但两家公司风马牛不相及。2015 年 3 月 20 日，奥兰治买下了另外两家合伙人泰利斯和储蓄银行管理公司（CDC）的股份，并吸收了云瓦特，尽管云瓦特从零开始开发的技术基础设施才刚刚投入运营。

新公司 Numergy 不甘示弱。它的治理经历了另一类曲折，导致了类似的结果。2014 年 1 月初，法国媒体巨头维旺迪（Vivendi）将

---

1. 奥兰治公司（Orange）持有 44.4% 股份，储蓄银行管理公司（CDC）持有 33.6% 股份，泰利斯公司（Thales）持有 22% 股份。

其子公司 SFR 出售，然后与 Altice 和帕特里克·德拉希进行了近 120 亿美元的独家谈判：该交易在七个月后完成。与此同时，在 2014 年 5 月 26 日，Atos 令人吃惊地对 Bull 发起了一个"友好"的收购邀约，并于 8 月 11 日获得成功。如此，第二个仙女座项目三家合伙人（Numergy，Atos 和 Bull）的持股比例在七个月内发生了深刻的变化。一年后，Numergy 被置于保障程序之下，2016 年初它被 SFR 吸收。

如此，仙女座计划的产业史只持续了三年。一个雄心勃勃的项目，推出十年公共投资计划的框架，但一个私人伙伴几个月内两次改变主意，两个联盟最终决定不作选择；政府的更迭，多种治理的变化，增长的急躁情绪和短期效果的缺乏，几乎没有公共秩序可言。时间范围不断碰撞，时间悖论不断显现。

这个时间悖论的数字经济，因主权云冒险而凸显，可以这样来表述：数字经济的特点是创新周期快，超过社会吸收的速度。但如果没有一个长时期稳定的框架，数字经济的生态系统是不能发展和繁荣的。然而，"未来投资计划"追求的目标正是稳定，是要寻找应成为可靠的担保人的决策者。对私人经济行为者的任何刺激都需要长期的能见度，无论是投资基金的周期或激励措施，都应能够使新的企业门类（比如可再生能源）出现。如果光伏电站生命周期的财政稳定，其上网电价有了保障，企业家就能专注于项目实施的风险，银行家就能为企业家融资。

我们从中学到了什么？有什么收获？最近推出的"Gaia-X"数据库和"蓝色"项目使我们期待最好的前景，或担心最坏的风险。主权云的不幸遭遇邀请我们去"教育"国家；识别悖论有可能使对话者正面冲突，但那是比较彬彬有礼的冲突。法国科创人才计划（French Tech）的冒险给我们一个机会，在时间维度之外再追加两个维度，以完成这个悖论三角。

French Tech 如今已成为常见的用语，用于政治话语和商业媒体中。它以这样或那样的方式指向我们引以为豪的创业型国家的一切，恰如其分。直到最近，我们的豪情还体现在一个强大的使节身上[1]，豪情的象征是我们的公众人物偶尔佩戴的红色公鸡徽标，豪情的计量是日益增加的法国科技投资，姑且不论吸引人的这种经济社会晴雨表，我们常登领奖台，进入"大联盟"行列。我们在所有社交网络上的存在补足了这种集体热情——除非有病毒干扰，我们的集体热情可见于一个图腾圣地，这个圣地不属于法兰西但欢迎法兰西。这个图腾圣地就是全球最大的初创科技企业孵化器 Station F。

French Tech 这一用语有一段历史，这段历史有一个背景，其核心是两个悖论，它们将完成一个延伸时间范围的时间悖论。

起初的用语是 Tech City（东伦敦科技城）。英国首先推出这个有吸引力的计划，旨在巩固和集中英国科技和初创企业，使之汇聚于首都伦敦。2010 年 1 月，有 85 家初创企业聚居于硅环岛[2]。这是

---

1. 法国科技使命（Mission French Tech）附属于数字经济组合（Digital Economy portfolio），2018 年 4 月至 2021 年 7 月由凯特·博伦根（Kat Borlongan）领导，她完成了自己的任期，使法国初创公司的"网络的规模和力量增加了四倍"，并见证了十几只独角兽的"诞生"。

2. 启用硅环岛（Silicon Roundabout）一语的是多普尔（Dopplr）的首席技术官，他在 2008 年夏天发布了这条推文："硅环岛：伦敦老街地区不断增长的有趣初创公司社区。"（Silicon Roundabout: the ever-growing community of fun startups in London's Old Street area）。

伦敦东部肖尔迪奇老街的一个交通圈，英国政府正梦想将该区改变为一个数字创新集群（digital innovation cluster）。集群的潜力被理解为在同一领域工作的公司集群组合；早在20世纪90年代，迈克尔·波特（哈佛大学教授和著名的管理大师）已将集群理论化，使之成为国家经济成功的重要杠杆。这样的集群早就存在，通常是围绕着一个大的群体及其分包商的生态系统、学校或研究中心组成。法国两个著名的例子是图卢兹空客的航空产业和格勒诺布勒的硅谷。

　　21世纪初冒出的集群则迥然不同：后缀的湾区（Valley）被前缀的硅谷（Silicon）取代而成为硅谷[1]。这次的集群由初创公司启动，它们吸引的投资者首先来自大都会而不是以前的果园。

　　大多数搬到硅谷的初创企业都出生在金融危机之后，它们是通过企业家实现经济复兴的象征。它们受益于不太理想的社区相对适度的转租费，这里的公共交通便利，和市中心的投资者相连。此外，被大城市高租金挤走的研发人员可以在这里憧憬更富于专业冒险精神、更有吸引力的前景，因为附近就有一个同行和同侪的网络，研发人员能访问潜在的雇主，而雇主就混杂在酒吧和啤酒厂周围的聚会人群里。

　　地理问题在我的脑子里浮现出来。大多数初创企业本质上都生产代码，而代码是无形商品，不受地理约束，运输成本为零。数

---

1. 多数时候，这个湾区和半导体设计或硬件并没有关系，除少数例外，集群的连接首先是提供数据分析服务平台。

字经济的地理悖论开始显现。下一个集群的成员不会试图模仿让硅谷征服科技世界的单一配方：大学、军事研究预算和工业巨头，那是无法复制的配方；如今取而代之的配方是大都市，是大都市的电信、交通网络和生活方式，而不是分布在旧金山和圣何塞之间的大学校园和公寓。地理和政治从未遥远，"领地的吸引力"这一模糊表述从未得到如此明确的定义。除了初创企业和指数风险投资公司之外，伦敦的硅环岛也吸引了戴维·卡梅伦首相。2010年11月，他访问硅环岛，宣布他全力支持这个自成一体的新兴生态系统。他嘲笑他前几任的统制经济路子，这位唐宁街10号的新主人不动员公共资金，而是动员英国政府及其领袖的声誉；他向世界宣告，伦敦已经成为初创企业的天堂和首选之地。他发布了吸引投资的措施：为来自海外的初创企业提供签证，简化初创企业的公共合同，同时宣告美国科技巨头很快将到硅环岛设立办事处。

竞赛开始了。此间，柏林看到自己的生态系统开花，其吸引力有：非常低的租金（你待在那里月租可以低至300欧元），现代的、欢迎访客的交通基础设施（在没有自行车道的地方你很容易就下地铁去乘车），一个国际范儿的、时髦的文化（你从来不会远离一个巨大的迪斯科舞厅，你可以在那里告别紧张工作的一天）。偶像似的声云（SoundCloud）等初创企业，为柏林的生态系统赋予声望和信誉，吸引了寻求冒险的年轻开发者。

我们必须打开思路，想更大的问题。大卫·卡梅伦派他的科技顾问罗汉·席尔瓦（Rohan Silva）到硅谷去"推销"伦敦东部肖尔迪奇的这个产业集群，席尔瓦说服一家知名企业到伦敦设立办事处。他带回谷歌部署一个科技园的承诺[1]。一场大规模通信业务的舞台搭建起来，它将吸引外国投资者、大型的成熟公司以及尚未感染创业热的年轻毕业生。投资热蔓延，沃达丰、脸书、英特尔和麦肯锡等公司也承诺长期投资。2010年11月4日，戴维·卡梅伦发表了关于科技城的演讲[2]，这是欧洲城市为其数字创业生态系统争夺资本和人才"正式"开始的标志。时任伦敦市长鲍里斯·约翰逊（Boris Johnson）立即全力支持这个项目：这种战略天才的大手笔使这两位政治领导人在一段时间内受益，也使英国政治舞台在更长时间里受益。在接下来的岁月里，因为初创企业、基金和硅谷巨头欧洲桥头堡的卓越地位（谷歌、苹果、脸书和亚马逊四巨头的缩略语GAFA尚未成为一个术语）及其成功故事的数量（谷歌收购DeepMind、独角兽FarFetch和Transferwise），硅环岛的地位是无可争议的。但它遭到与任何其他催化剂相同的命运：从2014年开始，肖尔迪奇社区经历了一次急剧的下滑，因为它的成功引发了房地产价格的大幅上涨[3]。

2012年秋天，仿佛在呼应英国主办的奥运会和卡梅隆-约翰逊组合的成功一样，法国媒体越来越频繁地谈论英国的科技城，法国政府因而变得更加不安。我们遇到了一个问题。我们必须要做出反应。当法国政府遇到问题时，总是要委托人提交一份报告：唯一的问题是委托谁。中小企业、创新和数字经济部长提议法国储蓄银行提交报告，银行代表站在一台电梯下与招募我的人讨论了五分钟后，我接受了这个任务。我们最初提交报告名为"巴黎数字之都"（Paris Capitale Numérique）：就一个未来的报告而言，这是个有根据、不那么冒犯人的标题。

一方面，它要圣化大都市的转型，这样的转型可见于伦敦和柏林，可感于纽约，即将爆发于硅谷；越来越多的玩家即使不在旧金山的腹地建立总部，至少要在那里建立办公室了。

另一方面，这个未来报告让公共机构与一个私人倡议的计划"挂钩"。这个计划位于首都第 13 区，由一位成功的企业家领导，他一手资助了许多初创企业。该项目毗邻奥斯特利茨车站和在建的大型房地产项目"巴黎左岸"，离弗朗索瓦·密特朗图书馆和西岱大学只有几步路远。弗雷西涅特大厅（Halle Freyssinet）是一幢巨大的建筑，自 2006 年起被废弃，将归属法国国铁（SNCF），而法国国铁并不知道该用它做什么。大厅以设计师尤金·弗雷西涅特（Eugène Freyssinet）的名字命名，他是路桥公司的理工专家和工程师，他发明了预应力混凝土并在 1928 年申请了专利，路桥公司是文奇集团的子公司。

奥斯特利茨车站里的弗雷西涅特公司大厅建于 1928 年，1929 年 3 月开始运营。应法国国铁要求，该大楼一度将被拆除，2012 年进入保护名录后，它引起泽维尔·尼埃尔（Xavier Niel）的兴趣，他想购买并修葺这幢大楼，用以孵化由他的基金资助的初创企业。政府支持它这个不用拨款的项目，乐见它被列入了一个有吸引力计划的核心。

在储蓄银行管理公司"未来投资计划"主任和同事莫德·弗兰卡（Maud Franca）的支持下，我开始工作。我们这个小团队的任务是撰写一份报告，并在 2013 年 6 月 30 日之前提交给总理，与其部长佩勒林和内阁不断保持联系。编写报告的指针是这样一种信念：客观上有用；要求与法国数字生态系统的期望协调一致；必须要通过保密来保证内容的自由。客观上有用意味着以最具教育意义的方式分享经验和信念，并确保我们的建议得到遵守。专注于极少数容易陈述和记住的建议，也许会避免错失目录簿的陷阱：每个人只撕下适合自己的一页，而忘记其余的内容。其他人的项目有 34 个计划，我们却始终简明扼要。因为人们普遍接受的语言范围（verbal span）大约是 7 个数，我们不会远远超过这个范围[1]。

为了与整个生态系统的需求和期望产生共鸣，我们必须有中介机制的提醒，让我们注意真正的问题和最有希望的途径。我们需要外部治理。最后，保密问题构成挑战，由于过往的经验我个人对这个问题很敏感，但这似乎也是对公共决策者尊重的标志。如果报告内容不泄露，如果由此而生的外界非议不分散公共决策者的注意力，他们更容易接受报告的内容，并将其转化为决策。最后这两项约束构成了明显的矛盾：我们聘请的专家委员会似乎不可或缺，但

---

1. 语言范围（Verbal range）是人能立即按顺序复原的语词或概念的数量，见 https://www.inserm.fr/information-en-sante/dossiers-in- training/memory。

从一开始它就削弱我们系统的力量；由于专家委员会的任命以及随意和非随意的泄漏，专家组成员被暴露的风险随之存在，法院效应将不可避免。我们需要一种新型的顾问团：这是一个影子顾问团。巴黎数字资本的影子顾问委员会的代号是"SAB PCN 13"，其治理原则如下：

1. 顾问团成员遴选的依据是个人的直觉，候选人的唯一答案是接受或拒绝，被选中的顾问有义务不提及遴选的情况。这将保证完全的遴选自由并提高遴选的信任程度。

2. 这个委员会的存在和组成都不会被公开：当选顾问或抱怨落选都没有任何好处。强推自己不可能，借助"外力"也不可能。

3. "不露面，不曝光"，顾问团的成员因此就可以完全自由地发表意见，不会因此而使公司内外的人感到不满。对顾问的最后一个要求是指出任何他们认为不完整、愚蠢或对生态系统有害的东西。我们这个小团队提交给总理的报告对所有人都有用，除了那些顾问之外。

我们这个影子顾问团就这样组建起来[1]，投入工作，并会晤两次。第一次会晤在伯西，与总理及其内阁的午餐会，既没有自拍，也没有发推特。第二次会晤于 2013 年 5 月 7 日举行，在存托银行管理公司附近的阳光下共进午餐，饭后开会；其间通过的计划和七项建议最后敲定下来。这种方法是有效的：即使外界在报告编写过程中就已经知道其存在，但直到 2013 年 6 月 29 日提交给首相之前，其

---

1. 直到最近，我们才披露了顾问团成员名单。

内容没有丝毫外泄，甚至在法国网络上也没有泄露。它似乎也达到了预期，在法国储蓄银行管理公司网站上的下载量就超过 3.5 万次，还不包括政府网站上的下载量 [1]。

　　然而，这个项目也有一些曲折，大部分都体现在任务的标题上。在英国，"科技城"的计划已经在伦敦开始。从 2015 年起，这个"科技城"扩展到英国其他城市，更名为"英国科技城"（Tech City UK）。从第一天开始，戴维·卡梅伦的宣示就得到了鲍里斯·约翰逊的支持，而首相和伦敦市长之间的合作也完美无缺。法国的情况则是另一回事。巴黎市政厅很快提醒马蒂格农和伯西，只有巴黎才能决定巴黎应该是什么样子。市长重视城市内许多计划的优先地位，断然拒绝任何人与它们联系。他要求我们的计划更名，达成目的，计划再也不能指涉法国的首都巴黎。装腔作势战胜了常识：我们的计划更名为"数字区域"（Quartiers Numériques），对于盎格鲁–撒克逊人来说，它比浪漫的记忆更容易让人联想到其中的含义。该项目围绕政府命名的几个区域的集群，同时给予巴黎一个特殊的地位，巴黎的集群由巴黎决定和命名。也有必要拯救弗雷西涅特大厅的斗士泽维尔·尼埃尔，并确保同名的弗雷西涅特大厅留在我们项目的轨道上，首先是要让它保留自己的旗帜。

　　巴黎市议会是确保这一措施的关键 [2]，弗雷西涅特大厅无论如何都不能大修。政府还曾设想，即使大厅摆脱了它刚获得的古建筑地

---

1. 至今可以检索 https://www.economie.gouv.fr/quartiers-numeriques-remise-rapport-mission prefiguration-last accessed June 23, 2021.

2. 公司收购了大楼，从法国国铁获得了通行权，然后才将其出让给泽维尔·尼埃尔。

位的束缚，即使泽维尔·尼埃尔可以全额融资承担翻修工作，法国储蓄银行可以在改建后公司的运营中持有少数股份。在法国储蓄银行总经理办公室举行的一次超现实会议上，据说皮埃尔－勒内·勒马斯（Pierre-René Lemas）和泽维尔·尼埃尔都被逗乐了，因为尼埃尔既不差钱，又不准备让政府不快。勒马斯回应说，法国储蓄银行没有特别的理由或兴趣投资他的项目，但他的原则是不让政府感到不快。接着的讨论围绕支持的金额和法律形式。不让政府感到不快的原则被报界泄露，没有再进一步的细节，风声平息了……直到世界上最大的孵化器 Station F 在共和国下一任总统莅临的典礼上落成……讽刺的是筹建工作延宕了！

这个故事说明了数字生态系统的地理悖论，它与达尔文悖论相结合。我们用所有可能的教学技能提出两个悖论的结合，以便使公共机构意识到数字项目和初创企业必然出现的特征。悖论与选择性，风险投资为最佳企业融资使选择性加速和放大（许多玩家因此而消失）；选择性是常态，选择性的挑剔就是说"不"……

"数字区"（Digital Districts）报告将这三个悖论扼要呈现如下：

2008 年的金融危机揭示了方法论和政府反应的多样性。一方面，主要经济集团之间的情况不同。另一方面，同一集团内部更不一样。欧盟成员国采取的一些措施和对策旨在恢复其竞争力，捍卫其治所、领地或市场的吸引力。

长期以来，数字经济的大玩家一直在市场、生产区域和税收框架中套利，它们利用某些国家通过其增值税制度、企业所得税制或劳动力市场竞争力来套期图利。近年来，这些竞争已蔓延到包括企业家、人才和投资基金的竞争。

如果说国家之间正在打数字吸引力之战，那么它们的大都市就在打头阵，数字之战归因于数字领域持久革命的第一个悖论特征：数字生态系统的"超局部性"（hyperlocality）。虽然互联网使一切都可以远程设计、开发、优化和销售，但数字生态系统在地理上却是高度集中的！即使数据和算力已经被置于云端，硅谷沙山路（Sand Hill Road）的企业家多半还是继续在距其办公室三十分钟车程的范围内投资……

旧金山是企业创始人和联合创始人密度最高的城市。因此，它在与许多首都城市竞争，与首都城市吸引人才、本地和外国企业家以及强大投资基金的能力展开竞争。

这样的竞争对于解决管束数字经济的第二个悖论至关重要。这个悖论是：无目标、迭代式、短反馈过程的组合允许不断探索开发的可能性和市场的改造。在这个过程中，初创企业形式的新项目不断涌现。这种领导力缺乏的态势被风险资本家快速而强大的干预能力所抵消。事实上，一旦一个创新项目开始显露吸引力，风险投资者就会注入大量资金，以期通过"加速达尔文主义"（accelerated Darwinism），在每个类别中培养出一两个冠军，并在它们征服美国市场后立即为其全球部署提供资金。以色列的位智（Waze）就是这样的创新公司。在不到五年的时间里，它成功征服了 GPS 在智能手机上的市场：拥有大约 5 000 万用户、5 500 万美元的投资，以至谷歌用 11 亿美元的现金收购它，而它的员工还不到 100 人。

这种现象正以越来越快的速度展现在我们眼前，比我们大多数人想象的还要快（谁会在2007年预料到诺基亚会在短短五年内失去其软件主权？）。变化的速度挑战了我们通常的时间基础概念，无论行政时间、监管时间甚至立法时间都受到挑战。然而，这就是该行业发展的第三个悖论，数字经济玩家所做的大多数选择都是基于框架的稳定性，而不是基于领地吸引力的各种参数，无论企业家、风险投资家或跨国公司都是这样决策的。布拉德·菲尔德（Brad Feld）是莫比乌斯风险投资（Mobius Venture Capital）的联合创始人，著有《创业社区：在你的城市建立创业生态系统》（*Startup Communities: Building an Entrepreneurial Ecosystem in Your City*）。他就解释说，一个创业生态系统是在二十年的时间里培育起来的。

数字资本进入（或再入）国家之间的竞争时，那就意味着要接受这三个悖论的考验，并信守一种客观的方法，其基础则是：现有和未来生态系统的超局部性，将自然出现、强选择性和极强反应结合起来的能力。这种方法必然是政治和行政框架的一部分，这一框架提供了国家和地区层面对齐的典范，以及数字资本的长期承诺。

"数字区"报告这一段开场白、数字经济的三大悖论都没有老朽过时。我们继续综合的工作，提出7条建议，压轴的一段表述是这样的：

> 本报告所提建议充分或部分的执行都需要几个条件：长期的投资、国家和地区各级的坚定决心，以及持续的推进和通信资源的长期调动。只有雄心勃勃、协调一致和具体化的方法才能使充满活力和响应迅速的生态系统顺利生成，使其融资成

功，使冠军企业成功。如此，我们提请世人注意，比特也是"法国制造"的。

在我们提出的 7 条建议中，只有一条建议被采纳：储蓄银行管理公司证明了它的独立性。在内阁部长佩勒林的鼓动下，一个品牌名称被设计出来，现已成为日常语言的一部分。红公鸡成为其徽标，其线条让人联想到折纸艺术；直到今天，每个人直到国家最高代表都在特殊场合佩戴这个红公鸡徽标。法国储蓄银行猜准了制作和提交这份报告的机会。其子公司 Bpifrance 基金公司承担基金管理，并准备管理母公司代表国家认购的加速基金。报告提交才过几天，政府就宣布了一揽子公共资金：2 500 万用于推广和吸引投资，2 亿用于订购资金以加速初创企业……将其作为第二个未来投资计划的一部分。

这一方法被认为是在欧盟条约赤字边界之外融资的特殊方法，这个办法进行了十多年，十年期结尾时对投资回报做了评估。看来，这一方法已经被"某种法国观念"超越，我们热心在现有的公共赤字上追加赤字。

地理悖论或多或少是偶然解决的："数字社区"贴标签的过程必须既有选择性又有包容性，因为标签本身不是由正式的政治选择定义的，而是通过满足足够数量的资格标准获得的，包括候选城市可以夸耀的初创生态系统关键的规模。选择性意味着说"不"，从而冒犯那些领不到红公鸡徽标的地区主席。数字地区改革来得正是时候，地区数量减少了，而且只有地区主席才知道这个秘密；

如此；每个地区都拥有自己的"法国科技大都市"（French Tech Metropolis）了。

这就只剩下时间悖论了。由于部署工作的能量和速度都有欠缺，时间悖论从一开始就不清楚。红公鸡徽标无处不在。人们奔赴拉斯维加斯，挤爆国际消费电子产品展览会。媒体放大了拉斯维加斯展会上新风拂面的法国风，法国回来了。重振雄风的红公鸡啼叫声传到国外，团结了纽约、伦敦和旧金山的法国企业家社区。科技巨头回到法国，涌向爱丽舍宫参加为他们组织的峰会，或者参加欧洲科技创新展览会（VIVATech）这类会议的组织得益于莫里斯·莱维（Maurice Lévy）的天才和社交技能。谷歌、脸书、三星、华为都在巴黎成立了公司。诚然，这些公司还不是它们的欧洲总部，但它们已然是研究实验室，尤其重视人工智能研究。一些盛大的典礼布满了关于法国吸引力、专业知识、人才和就业服务的宣传展示。

佩勒林部长及其继任者热情绽放、日益增长的"红公鸡热"激发了外国投资者的兴趣。Station F 启用，兑现了其作为全球最大初创企业孵化器的承诺，由于周边郊区的租金非常低，吸引世界各地的初创企业入住。伊夫里和塞纳河畔维特里的共产主义堡垒距离 Station F 园区只有很小一段的火车车程，这些堡垒此前阻止房地产投机。而电信大亨泽维尔·尼尔的天才也在地产界。

在 Bpifrance 基金公司的支持下，投资者极其热情，Bpifrance 在越来越多的案例中偕投资基金共同投资，公共银行经常是这些投资基金的认购者。虽然遭遇疫情危机，每年注入法国初创企业的风险投资在五年内还是增加了两倍，2020 年达 55 亿欧元，2021 年又翻了一番。虽然交易金额大致不变，但融资轮次的规模有所增加：2017年有 7 轮融资超过 4 000 万欧元，2021 年有 47 轮融资超过 5 000 万欧元。仅在 2021 年，独角兽的数量就翻了一番，新增了 12 家，2022年开了个好头！法国科技公司筹集的金额呈指数级增长，这是理所应当的。稍后我们将提出三点观察，以缓和有些推特自我推销和自鸣得意的非理性亢奋。

第一点观察是比较，2021 年我们初创企业的投资金额"翻了一番"，而我们海峡对岸和莱茵河畔朋友的投资金额已经"增加了两倍"，这迹象表明是否真有一个流动丰富的场所在寻找投资。同期，硅谷向初创企业注入的资金大约是法国的三倍，但每季度的情况则有所不同。讲台台阶的高度差异有时比阶梯的顺序更重要。

第二点观察是依赖，科创生态系统尚未完全自给自足。通过Bpifrance 基金，公共机构进行前所未有的动员，这既是法国科创计划支持初创企业和当前成功的决定性因素，也是科创计划不可或缺的组成部分。只要公共资金充当油门和放大器，科创系统就是良性的。公共资金固然重要，但它们将成为依赖的标志，所以我认为应该更加警惕，因为"未来投资计划"的特殊性质已经从记忆中消失，其缩略词 PIA 现在描绘的是创新公共支持里的追加的组成部分。

第三点观察是不足，它把我们带回到时间悖论。如果我们初创企业筹资的能力不断提高，其估值也越来越高，那就是真正的成功，那就是跨栏比赛中的一个里程碑，但跨栏栏架在不断提高，只有到达终点时我们才知道谁一路跨越成功了。独狼也好，群狼也好，独角兽都是虚构的，或者更准确地说，独角兽是所有投资者观点的标志而已。独角兽是一个好消息，不可否认。它反映的是对投资者的承诺：加速发展，未来更高的估值，这一前景将在下一轮融资时实现，否则就是投资者的"退出"。但这也是双重的约束，既约束未来的估值，有时也约束实现的前景。风险投资的钱不属于投资人，他们代表的是有限合伙人以及有限的时间段（例如几年），这是投资人的时间期限。从第一轮投资结束的第二天起，投资人就一心一意想知道他们能在什么时候、达到什么估值时退出。因此，过高的估值会对"何时"退出和退出"多少"产生太大影响，可能会成为一个障碍。贪心有时是糟糕的顾问，而时机往往就是一切：帕泰（Partech）公司没齿难忘。其风险基金 2001 年注入 In-Fusio 这家总部位于波尔多的手机游戏发行商。In-Fusio 由连续创业者（serial entrepreneur）吉利斯·雷蒙德（Gilles Raymond）于三年前创立，帕泰的风险基金拒绝 In-Fusio3.6 亿欧元的收购邀约，认为其出价不够高。第二次 2.4 亿欧元的报价被拒绝后不久，In-Fusio 倒闭，只向投资者返还数万欧元……套用一句美国谚语，"估值是一种意见，套现才是事实"：没有退出就没有独角兽。此外，帕泰集团还有许多"流动性事件"，例如首次公开募股（IPO）或第三方收购。在这两种情况下，交易必须以比上一轮融资高得多的估值完成，以便最后创建或加入独角兽企业的投资者（企业基金的认购者和基金合伙人）也可以从中受益。

　　然而，迄今为止，法国科创计划和说三道四的评论人都很高兴看到越来越多的初创企业进入独角兽的围栏，但几乎还没有一家初创企业冲出围栏。我们这个团队设定的目标是 25 只独角兽，刚好达到[1]。但是，我们最古老的成功故事仍在等待上市或收购，即使有些已经盈利，其投资者的本质也要求他们能够退出。然而二级交易（2013—2014 年例外）成倍增加，为"历史悠久"公司提供部分或充分的流动性，但对于所有风险投资人而言，没有什么可以替代明确的结果。然而，出口端仍然比入口端安静得多。历史上的独角兽，无论是被证实的还是过早宣布的，现阶段仍是意见和希望而已。虽然并非每家初创公司都能成为既令人垂涎又受限制的独角兽，但退出风险投资的法国科技公司仍然是例外。2021 年，上 IPO 的仅有两家：一个是 OVH 公司，它是自成立起基本就自筹资金的知名托管公司；另一个是 Believe 公司，不过其命运则比较黯淡。在收购方面，跟踪所有交易的 Avolta Partners 时事通讯每周都会提到越来越多的退出，但奇怪的是它从不公布金额。罕见的一些令人高兴的例子已经照亮了这幅图景，例如电气与智能建筑公司罗格朗（Legrand）在 2018 年 11 月大约以 3 亿欧元收购了智能家居设备制造商 Netatmo。

今天，哪家大型欧洲公司愿意为我们的独角兽支付数十亿美元？唯一可能的买家可能会来自世界其他地方（就像定位应用开发商 Zenly 被收购的情况一样……），并且肯定会激起每个人反对，包括公共机构的反对，人人援引数字主权的主张，义愤填膺。

过分吹捧独角兽的人收获的可能是小马驹。

---

1. 这些独角兽企业有 Actility, Blade, Doctolib, Oodrive, ManoMano, Vestiaire Collective, Younited Credit 等。

本章思考题

总之……你呢？

一项独特的政治倡议提出了，长远看它会反复出现。"未来投资计划"（PIL）里的一切设计旨在独特，其第四个版本确认了这一独特性。

主权云灾难是公共和私人行为者之间多重错位的结果，是政治时间、工业时间和媒体时间的视野多重错位的结果。

21世纪初，数字实体系统集中在城市里，吸引数字资本和人才的战斗转移至大都会。

管束数字经济的三大悖论是时间悖论、地理悖论和达尔文主义悖论。

这三大悖论是让生态系统里所有参与者组合一致的必要条件，是财务和监管框架灵活性和稳定性的必要条件，这是任何投资者都要考虑的必要条件。

创业生态系统的活力在融资渠道的两端计量：只要融资公司没有在出口端出现，其估值只不过是口头上说说的意见而已。

作为政界人士，你自己如何量化"未来投资计划"的影响，用你的选民能听懂的语言表达吗？

你是商界领袖，如果机会出现，你能在四十八小时里调集多少钱去收购一家初创企业？你的技术和收购初创企业的战略是什么？

你是初创公司的实习生或年轻的毕业生，你知道其创业者的视野吗，你了解其投资人吗？

▶▶

第十章
—

软件飙升，
硬件式微

2014 年 10 月 31 日，巴黎综合理工学院圆形剧场。

在开放计算项目欧洲峰会的第二天，我应邀宣传法国技术和法国生态系统在材料（即硬件）领域的技能，发表主旨演讲。

会议在萨克莱高原巨大的建筑工地中间举行，这要归功于一位法国工程师的坚持，他是一位硬件天才，在法国被忽视，在美国颇有名气、受人尊重。加入惠普之前，在 20 世纪 90 年代，他致力于美国数字设备公司（Digital Equipment）Alpha 芯片的基础输入 / 输出系统（BIOS）[1] 研发，然后又为一家法国计算机制造商研发大众零售商组装定制的 PC 机。他长着络腮胡子，性格倔强。2013 年夏天，维梧生技创业投资管理公司（Viventures）的一位老员工告诉我，他的名字叫让 – 玛丽·凡尔登（Jean-Marie Verdun）。

让 – 玛丽·凡尔登很早就察觉到脸书的开放计算项目（Open Compute Project/OCP），并因此而很快扬名。他视之为法国工业的机会，试图将其引入欧洲——当然是通过相关的认证计划，将其

---

1. 基础输入 / 输出系统（BIOS 或 Basic Input/Output System）是一组非常低级的软件指令，冻结在不可修改的存储器中。它允许微处理器的初始化：它是启动时调用的第一组指令，这反过来又决定 RAM 的初始化、操作系统加载的准备以及接下来的一切。反过来这又意味着，这几行代码很难编程，就像它们对整个系统的运行至关重要一样。

用于本地机箱、电缆和电源等零部件的制造，用于高等教育和应用研究。与此同时，他应聘为脸书设计在偏远地区部署的手机信号塔，用当地可用的建材比如木材、钢铁或混凝土建造。塔顶装太阳能电池板、天线和吊舱，用法国初创公司 Amarisoft[1] 的软件运行。手机信号塔就是一座无线电塔，能运行或扩展移动网络服务。受脸书硬件挑战的启发，让－玛丽·凡尔登还发现了另一个机会。随着 Messenger 语音和视频的整合，以及照片墙和即时通信应用 WhatsApp 的兴起，脸书平台的用户人均负载持续增长，平台跟上发展速度的唯一办法就是始终拥有最强大的机器。虽然 OCP 使机箱和存储系统的简化成为可能，但脸书的平台还是必须遵循摩尔定律，它以可用功率的速度更换或分期偿还其服务器。结果，脸书不得不将越来越多按照正常行业标准被视为超高性能的服务器做退役处理。对于已经找到 ITAD（信息技术资产处置）的经济体来说，一切都必须靠发明。ITAD 描绘的是大量高性能机器的快速处理，就好像必须定期清空停车场里十八个月车龄的兰博基尼一样；大修之后，它们肯定还能行驶很长时间，而且仍然是极具竞争力的"兰博基尼"。

---

1. Amarisoft 是最早发现 4G 标准突破性创新的公司之一，硬件和软件层借此而完全分离。事实上，4G 网络的所有组件的开发都可以不依赖部署它们的硬件。Amarisoft 的几名工程师成功编写了一套完整的 4G 网软件，这家法国公司还继续更新并适应 5G 标准的软件。它将软件出售给所有希望测试网络或服务元件行为的运营商：然后将其安装在连接了天线等外围设备的 PC 上。这项业务用纯粹的软件，利润丰厚，以至于公司几乎不用筹集资金。它的客户甚至是美国最大的移动运营商之一，它向其出售软件核心网络许可证。

装备有最强大英特尔处理软件的服务器每台成本约为 2 000 美元：一旦它"过时"并被替换，唯一的问题是如何尽快处理它而不必库存它。其中一些机器被重新赋予数据中心的其他用途，根据该公司对循环经济的承诺，脸书正在处理大量机器：公共数据不可再用，但据让－玛丽·凡尔登说，"脸书每年更换的服务器总和将使建造世界上最大的超级计算机成为可能"。这些更换下来的服务器多半已无法使用，需要大修。但创建一项既高效又生态的业务是可能的，它可以恢复、验证和认证第一手高性能脸书服务器，每台转售价只需 300 欧元，可用于"正常"规模数据中心里比较"标准"的用途。比如，这些服务器将获得第二次生命，再用几年，然后再被用作路由器。一台极限赛车游戏机在脸书上的使用寿命不超过两三年，其实它可以再使用十到十二年，如果它采用标准硬件格式尤其可再使用：开放计算项目（OCP）使这成为可能。

但发表主旨讲演的那一天，我在巴黎综合理工学院遇到了一个难题：产业界在很大程度上尚未意识到，掌握将软件用作在硬件平台上部署新功能的手段，那是一种挑战，或者反过来说，通过持续测量产品使用情况、改善其性能也是一种挑战。暂时，这种"互联物体"的方法仅限于消费产品，它们在拉斯维加斯国际消费电子产品展览会上都有展示，很少有实业家预见到将来其中的战略利害关系。最具代表性的案例是汽车制造商，他们仍然认为"车轮上的智能手机"只是一个很好的双关语，而特斯拉自动车则是那位南非亿万富翁的幻想。

马克·安德森（Marc Andreessen）曾经预言"软件正在吞噬世

（竖排书脊文字）
随机存取存储器：数字技术革命的故事

界"[1]。在过去三年里软件技术不断进步，证明他的预言是正确的。此外，令人欣慰的是，我们欧洲的初创企业已经掌握了这一课题，我们在该领域已拥有工业巨头例如德国的思爱普（SAP）软件商。然而，这种持续的追赶导致我们只专注软件。毕竟，"可扩展性"谎言的承诺只存在于"高层"，因为软件几乎可以在零边际成本的情况下进行复制，而且软件商务的资本密集度不是很高。至于其余的软件，已经有了操作系统，很少有坏脾气的人质疑操作系统的运行。最重要的是，有了云技术以后，不倚重硬件成为可能，随之而来的投资也可以免除了。欧洲硬件产业早已退却，历史上的硬件制造商已经淡出，只是一些白发苍苍的工程师脑海中的模糊记忆而已。

在德国，电信和电力领域的先驱、科技巨头西门子于 2009 年将其计算机硬件子公司出售给富士通，这是它退出信息技术和电信行业的标志[2]。西门子巨头的电信和 IT 冒险始于 1972 年的 Unidata，这是一项雄心勃勃的欧洲计划，旨在携手法国的 CII（一家从 1966 年国家"计算计划"中崛起的新公司）和荷兰的飞利浦一起打造"欧洲计算技术的空客"（Airbus of European computing）。这个基于合理架构的工业结构于 1974 年被 CII 主要股东之一的鱼雷击中，接着就被德斯坦总统彻底击沉。1975 年，德斯坦再决定退出 Unidata 财团，

---

1. 见《华尔街日报》（*Wall Street Journal*），2011 年 8 月 20 日。优步（Uber）公司刚刚两岁。

2. 早在 2000 年，西门子就放弃了半导体领域，它在股市上出售了英飞凌（Infineon）业务。3G 泡沫破灭后的 2005 年，它将移动终端业务出售给中国台湾的明基公司，2006 年它又将网络业务与诺基亚合并；七年后，诺基亚收购了诺基亚西门子网络 49.9% 的股份。2010 年，西门子终于剥离了 IT 服务业务，将其出售给阿拓斯（Atos）公司。

将其与 Honeywell–Bull 合并。2014 年，Bull 或多或少保住了超级计算机领域的业务，不久前它已被 Atos 吞并。除了这些特种计算机之外，驱动机房或数据中心的一切电脑都是美国的（惠普、戴尔）或日本的（富士通、电气股份有限公司），更谈不上我们两个基础设施即将崩溃的主权云了——显然这并不重要。

　　然而，在大西洋的另一边，软件和平台领域的主要玩家并不满足于软件和硬件之间的分离：他们的动机既不是理论上的，也不是技术上的，还不是战略上的，而只是经济上的。他们的领袖可能是这场保龄球比赛中最意想不到的人，因为它是脸书。截至 2011 年底，该社交网络每月已为 8.45 亿独立用户提供服务。其用户群呈指数级增长（2007 年为 5 000 万用户，2010 年为 5 亿用户，2012 年为 10 亿用户，2016 年为 15 亿用户，2020 年为 27 亿用户），同时每个用户的使用量也在疯狂增长。随着移动应用程序的部署，每日咨询的频率呈爆炸式增长（2014 年 2 月有 10 亿次连接），随着照片和视频的共享，脸书传输的数据量变得相当可观：2013 年，它已经托管了 2 500 亿张照片，在此基础上，它托管的照片每天增加 3.5 亿张（平均每个用户 220 张照片）。因此，脸书平台在计算能力和网络架构方面都面临着巨大的压力，以确保几乎即时响应和存储日益丰富的内容，这些内容由数亿用户越来越频繁地发布。除了这种出色的性能之外，脸书还能实时优化每个用户提要中显示的个性化内容和广告，正如谷歌已经在做的那样。在这一领域，脸书拥有无与伦比的优势：其设备基础的规模，由日常活动丰富的详细个人资料组成，也使得通过"AB 测试"持续测试众多功能成为可能。脸书的用户体验在本人不注意到的情况下不断变化，在某种程度上，这项服务没有单一版本。它不断分化，以便分析功能在同质人群上的性能，然后在用户群的其余部分部署最优化的版本（本身按世界地区和语言细分），所有这一切的规模都前所未有：仅在美国，"AB 测试"就是通过比较两个州的用户来完成的。当然，这个社交网一直在不断优化自己的软件基础设施，以处理这种令人眼花缭乱的负载，并实现几乎所有流程的自动化。甲骨文（Oracle）数据库很快就无法跟上脸书的更新速度，被开源工具或内部开发所取代。脸书还擅长由非常小的团队（通常称为"比萨团队"）管理非常大的软件项目。2014 年，据说脸书整个平台的管理和运营仅由六个人负责，每个人都负责 2 亿用户。

照片墙（Instagram）的迁移生动地说明了非常小的团队"放大规模"的有效性。2012 年，脸书以 10 亿美元收购 Square 照片共享平台。Square 在亚马逊的 Ec2 云基础设施上建成，2010 年起由八名工程师组成的团队开发和运营。在被收购后的一年里，照片墙继续以这种方式运营。然而脸书在 2013 年 4 月宣布，出于成本效益的原因，打算遣返照片墙，让其回归自己的基础设施；这一举措将脸书服务的响应时间缩短了 4 倍，是未来发展的互助化。迁移仅由十几个人牵头，耗时一年左右，包括十一个月的准备。此间开发了许多"内部"软件工具，包括为亚马逊和脸书搭桥的逻辑虚拟网络 Neti，辅之以外部系统 Chef 的一系列参数化。这样的两手并举使多台机器上大规模自动化软件的安装和配置成为可能。照片墙向脸书东海岸数据中心的迁移实际上只花了几个星期的时间。这是开天辟地的创举。

此前，任何服务器的迁移都必须停止几个小时，而且要求用户重新确认自己的身份。然而在 2014 年春天，当 200 亿张照片迁移到脸书东海岸的服务器时，脸书的服务并没有中断，2 亿用户都没有注意到任何异常。这有点像和朋友从雷恩驱车去巴黎，所有零件都在路上换了……包括方向盘，而你竟然无须停车。照片墙迁移这一拓荒的整合系统化了，并且被用于脸书的所有收购[1]。在重温和优化自己的软件基础设施后，脸书将目光转向了硬件。起初它在他人的数据中心租用容量，后来将租用的数据中心拓宽到到三个地方：圣克拉拉、旧金山和东海岸的北弗吉尼亚州。到 2008 年中期，脸书整个平台运行在开源软件（包括它自己开发的一些软件）并安装在英特尔 x86 架构的服务器上，分为三个系列：前端负责生成网站的页面，中端管理缓存[2]，这使得每秒 1 500 万个请求中的 95% 成为可能，限制了用户对后端的直接请求，因为后端访问速度较慢，并且已经管理了 40 兆字节的数据。随后，脸书开发了许多其他软件技术，如开放源代码的 Hip Hop 虚拟机，这些技术旨在吸收每台服务器五倍的负载，同时减少移动用户的数据消耗（大多数用户的数据计划昂贵且有限）。即使动用的机器数量足以保证"基于软件"的自动化，它也开始严重影响成本：确切的数字很难找到，但数量级不言自明。2008 年初

1.《连线》杂志（*Wired*）详细报道了这一壮举的技术细节，见 https ://www. wired. com/2014/06/facebook-instagram/。

2. 缓存的概念与微处理器的概念非常相似。它在访问数据的速度和深度之间进行仲裁。这意味着最频繁请求的数据存储在"尽可能靠近"前端的地方，以便后端数据库不必被调用来检索它。这就是中间端服务器存储 15 兆字节和后端磁盘上存储 40 兆字节数据之间的速度差异。

约有 10 000 台服务器，2009 年底约有 30 000 台，2010 年 6 月约有 60 000 台，尽管用户和使用量的综合增长继续呈指数级增长，但用户人均贡献的收入尚未达到每年 5 美元。数据中心运营商几乎没有形成规模经济：他们的业务是向外租赁有供电、冷却、安全和互联网连接的平方米办公用地。你可以将服务器放在标准的 19 英寸机架中。你需要的服务器越多，你租用的机架就越多，因此你租用的平方米就越多。摩尔定律不足以优化你的租赁空间，最重要的是它迫使你每十八个月更换一次服务器，并加重你的投资。降低服务器的单位成本成为当务之急。据说，马克·扎克伯格（Mark Zuckerberg）租用惠普和戴尔的场地已经享受了最高的折扣率，但他还是打电话给两家公司的老板，不仅要求他们给予额外的折扣，而且要求他们进行一些特别的设计，完全删除脸书在他们服务器上不必要的功能，一直到机器面板上的塑料盖，他都要重新设计。这两家供应商断然拒绝，因为他们的业务和利润恰恰取决于他们对特定机器目录的掌握，而这些机器本身又是用其他厂家提供的配件组装的：处理器、连接、微控制器、随机存取存储器、硬盘、主板等，全部有专利设计，不得共享，更不得被质疑。据说扎克伯格再打电话问他们是否确信自己的回答无误。由于他们不愿意满足脸书的需求，扎克伯格就宣布自己造机器，以适应他自己令人眼花缭乱的需求。

他让前戴尔员工弗兰克·弗兰科夫斯基（Frank Frankovski）负责组建一个非常小的团队，用两年时间自上而下审查数据中心的所有组件。目标是：优化性能、采购和运营成本，尤其是优化功耗。方法是：抹掉陈迹，无先入之见，如果没有现成合适的东西，就自己动手做。目标：打造下一个脸书数据中心。最初的三人团是工程师，来自帕洛阿尔托总部电子实验室，他们做出了几个激进的决定：选择俄勒冈州普赖恩维尔（Prineville）建数据中心，那里昼夜温差不大，由于100%的自然冷却，服务器不需要人为冷却。供电的选择也出于同样的原因，直接从电网为服务器供电，无须变压器，电池提供交流电和直流电；这也是从内部设计着手的，设备能不间断运行。除了建筑本身、电气系统和网络布线的设计外，弗兰科夫斯基的团队还重新设计了服务器底盘：过去19英寸宽的底盘被放弃，取而代之的是一个方形的底盘，允许处理器加热的气流通过，使用更大、转速较慢的风扇鼓风散热。主板上所有不必要的组件均已被剔除。各种插头尤其网络插头被置于机器的前面，以便于维护。团队还设计了特定的局域网（LAN）交换机，由中国台湾一家原始设计制造商（Asian Original Design Manufacturers）代工制造。2011年4月普赖恩维尔数据中心上线时，团队近两年的成绩超出了所有预期：服务器冷却仅占总功耗的2%至4%，数据中心的能耗与社交网络的其他"经典"托管设施相比下降了近40%，其运营成本下降了近四分之一。2014年初，脸书宣布已经节省了超过10亿美元的托管费和运营成本，并因此优化了能源和碳足迹（基于当时的电力供应组合）。

该领域最常用的指标是PUE（功率单位效率），即实际供应给数据中心的能耗与内部服务器能耗之间的比率。在"旧"数据中心里，2014年的PUE比率约为2，在欧洲甚至为2.25。换句话说，一半以上的电力用于服务器运行以外的其他用途了，因此脸书租赁的现代数据中心的PUE仅为1.5。而脸书自建的普赖恩维尔数据中心的 PUE 仅为 1.07，非常接近 1.0 的理想和理论目标。这一指标经济且环保，它是未来数据中心（包括芬兰的大型 Luleå）的全尺寸原型。因此脸书可以在 2012 年宣告，只有一名用户的年度碳足迹达到了一杯咖啡的成本。

于是在清理桌面后，马克·扎克伯格决定扭转局面。脸书的工作不是设计数据中心，而是无论如何要把人连接起来，尤其是要花极少量成本就能把每个地球人连接起来。这位创建者的决策可能是硬件行业最具结构性改革的决策之一，几十年来它彻底改变了硬件行业：它将开源软件成功的做法运用到硬件上。换句话说，委托他人完成初始设计的开发和维护，确保人人能用，让经验丰富的工程师确保未来的培训和可用性。2011 年 4 月 7 日，脸书邀请媒体到总部参加一个活动，邀请书明示，活动与新的消费产品或服务无关。

那一天，脸书宣布免费提供其所有数据中心和硬件专业知识，包括位于普赖恩维尔的第一个"内部"数据中心的一切系统的初始设计。这种开源法称为开放计算项目（OCP），得到了一个基金会的支持，OCP 向所有希望做出贡献并且也愿意贡献其专业知识和设计的工业合作伙伴开放。硬件的认证委托大学研究实验室进行，以降低成本并吸引年轻工程师的兴趣，特别意在避免企业家的利益冲突。

最早加入 OCP 的巨头之一正是微软。围绕即将推出 Office 365，已经运营了许多服务包括 Hotmail、搜索引擎 Bing、游戏 Xbox Live 等服务的微软遭受同样的经济限制，OCP 也适用于它 2011 年运营的 80 万台服务器。有趣的是，微软已经是免费操作系统 Linux 的重度用户，它甚至不再使用曾经使其致富的合作伙伴戴尔或惠普的机器。微软的"云和企业"部也在设计自己的服务器，该部门由萨蒂亚·纳德拉（Satya Nadella）领导，他在一年前推出了 Azure 云服务平台。纳德拉的一位亲戚库沙格拉·维德（Kushagra Vaid）负责 Azure 云的基础设施，尤其是硬件。因此，微软是 OCP 强大的早期成员，该组织迅速汇集了数十家各种规模的公司，包括银行（富达、高盛）。晚至 2015 年初，惠普才认识到自己的错误，宣布加入OCP，同时放弃自己的专有设计。彼时，中国的大陆和台湾地区的原始设计制造商（ODM）已经销售了价值超过 10 亿美元的 OCP 服务器……市场已经逆转，不再是从需求（市场拉动）发展，不再由制造商的报价（技术推动）决定。

因此，当第一届开放计算项目（OCP）峰会在欧洲举行时，开放计算项目在很大程度上已经证明了自己。该协会拥有 3 200 名成员，约 100 名是欧洲人，大多数是观察员，他们远程为 OCP 设计和测试做出贡献，每年派代表参加一两次峰会。但积极参与所需的资源很少：让－玛丽·凡尔登的公司拥有 13 名员工，是所有美国人中值得信赖和受人尊敬的参与者。在比较"大"的会员方面，微软的硬件团队约有 30 名工程师，而这家巨头当时已经管理着 120 万台相同的 OCP 设计服务器。欧美标准之间的巨大差异促使 OCP 基金会[1]在欧洲建立分支机构。凡尔登看到在法国建立它的

1. OCP 基金会由科尔·克劳福德（Cole Crawford）和一个位于得克萨斯州的三人团队领导，每年的预算为 50 亿美元，这在产业股份上具有象征意义。

机会，更准确地说是在巴黎的萨克雷高原上，他在那里结盟深度技术（DeepTech）的初创企业，这样的企业不多，但那里毕竟是最大实业家的集中地，由研究中心（大学或工程学院）验证和认证设计的需求使初创企业结盟的机会合乎逻辑、可靠可信。我应邀参与工作，使这些初创企业成为"未来投资计划"具有吸引力的一部分。

然而在峰会那一天，最深信 OCP 的是美国人。法国工程师多半是以个人或观察者身份出席的。DeepTech 在法国公共领域还不是一个流行词，我的大多数对话者包括那些来自法国国家精英工程师团体"法国矿业团"（Corps des Mines）的人。他们的职业生涯始于公务员，在主要的国有控股公司任职前，他们的工作是为部长们提供建议。他们还不熟悉英国电子公司 ARM，也不熟悉其微处理器设计——而微处理器设计已经在"驱动"98% 的智能手机。软件很时尚，硬件是伤疤（"不要再做计算计划"）。他们不懂凡尔登在做什么，也不懂得开源硬件的潜力，更不懂信息技术资产处置（ITAD）开辟的商业前景。反正法国公司过去（并且仍然）很难从法国中小企业购买技术和专业知识，这与他们的英国和德国同行不同。至于国家，它通过一位身着水手衫的部长宣传"法国制造"，并定期宣布在许多领域"创建法国工业"的雄心，但国家并不是最好的客户。让我大开眼界并教会我有关硬件利害关系的凡尔登很难将他的公司留在法国。他的技术对话者理解，大多都被说服了，但私人和公共决策者或不够警觉和理解，或不够自信去大胆尝试，或行动不够迅速。尽管困难重重，我还是遇到一位贵人。唯一结合了这三种

227

品质的对话者是勒内·里科尔（René Ricol）。2015 年底他来电话说："我对这个课题一无所知，但我相信你。我们会让这家公司摆脱窠臼。晚安！"几周后，他以个人的名义动员他的同事以及 Jolt Capital 股权公司的一名合伙人投资那家初创企业，使其渡过难关。两年后，该公司被美国 ITRenew 收购，最后竞价者的出资是报价的三倍。

计算机服务器领域发生的事情是一场革命：客户带头利用服务器基础设施的规模，去重新定义机器本身的设计；在完全透明的情况下，客户汇集自己的专业知识和精力，在开源中共享达成的结果和设计。从工业的角度来看，这是不可思议的；二十年前 Linux 在工业操作系统的世界中采用的方法又拿来应用于硬件的设计。这样的趋势会就此停止吗？硬件已被删除，隐藏在数据中心和机房的墙壁后面，投资者避之不及，转而青睐资本不那么密集的软件，其他人也忽视硬件：微处理器的外壳变得越来越薄，越来越不可见，其内部越来越复杂。一望便知的硬件犹如腿脚，它们给芯片取的诨名是"跳蚤"……如今，硬件的腿脚已变成无数的电线，它们内部架构的再现让人想起昂贵的当代艺术品。微处理器也价值连城：相同的产品有多少种销售方式就有多少种价格，分销渠道几乎和被分销的产品一样复杂。在某些情况下，你甚至不能单独获取特定的芯片。然而，由于英国树莓派（Raspberry Pi）[1]的倡议，花几十欧元就

---

1. 树莓派（Raspberry Pi）倡议的发起人讲述的故事见 https://www.dailymotion.com/video/ x7umwmr。

可以购买一台开源的小型电脑了，Wi-Fi 连接的、成本低于五美元的计算机也在几年前诞生了。

在这个难以破译的芯片制造商丛林中，我们遇到的玩家比英特尔更加多样化，他们的故事也比英特尔奔腾版电脑的系列更为曲折。有些公司例如博通（Broadcom）或高通（Qualcomm）来自网络世界，并已将其领地扩展到邻近的功能。其他公司来自视频显示的外围世界，英伟达（Nvidia）芯片的超快速并行处理能力就很重要，对机器学习技术具有决定性作用，而机器学习是人工智能的基础之一。有些公司是一体化的，他们自己设计、生产和分销大部分芯片：英特尔就是这种情况。相反，其他一些公司专注于架构的研发并出售架构的设计：英国半导体公司 ARM 就是这种情况，其设计无处不在，因为其作者并不为普通和专业公众所知[1]。还有一些公司只是制造商，他们被称为"铸造厂"，当我们意识到台积电

---

1. ARM（高级 RISC 机器）于 1990 年在英国剑桥成立，是 Acorn Computers、苹果和 VLSI Technology 的合资企业。苹果为其牛顿机选择 ARM 的第一个微处理器设计，主要是因为其功耗非常低。ARM 没有创建任何处理器，但其架构和设计获得了许可证；ARM 于 1998 年上市，当年售出了约 5 000 万份设计许可证。ARM 设计的处理器遵循摩尔定律并以近乎恒定的功耗获得功率，1997 年进入第一批手机，到 2010 年时已在为 95% 的智能手机提供动力。ARM 处理器长期以来一直被排除在 PC 和服务器市场之外，因为它们的原始功率低于英特尔处理器，现在可以在包括亚马逊网络服务在内的一些服务器上使用。2020 年，日本富士通的富岳（Fugaku）超级计算机用上 ARM 处理器，成功颠覆了 IBM 头把交椅的地位，自己取而代之。与此同时，ARM 设计的芯片已售出约 1 600 亿个。2016 年 7 月，日本软银集团以 300 亿美元收购 ARM 时，商界才真正发现了 ARM 的存在和重要性。随后，软银总裁孙正义屡屡受挫，在沙特愿景基金帮助下，他为这次收购再融资。2020 年 9 月 13 日，英伟达欲以 400 亿美元收购 ARM，有关国家的监管机构正在审查。

（TSMC）在中国台湾的作用、程度和脆弱性时，经济界直到最近才发现它们的存在。 最后，特定芯片的功能并不总是有完整的文档记录：例如，我们"知道"英特尔处理器"做什么"，因为它的编程接口都有文档记录，包括它们何时出现故障。1994 年秋天的情况就是如此，当时弗吉尼亚州林奇堡学院的一位数学教授发现，有些整数的除法结果之间并不一致：他使用的新 PC 返回的数字与旧 PC 不同，有时在小数点后第四位就不同了。该错误与硬件有关，影响了英特尔最近推出的几版奔腾处理器的第一代浮点运算单元。英特尔几个月前发现了这个错误，它选择不报告该错误，也不指明哪些处理器有问题，而且还继续销售有问题的系列。这位教授找准英特尔错误原因的研究结果并最终泄露出来，引起媒体讨伐，IBM 暂停了英特尔的 PC，英特尔的反应却很笨拙，起初它提出为任何能够"证明"它处理器缺陷的人更换处理器。该事件最终使英特尔损失了近 5 亿美元更换处理器，其股价大幅下跌，引发了该公司客户和股东的多起诉讼。因此，如果我们知道英特尔处理器"做什么"，包括它"做得不好"的地方，那么今天关于它做什么或可以"另外做什么"，以及哪些没有记录的争论仍在继续：这些处理器的设计仍然是一个工业秘密。其完整的功能范围不为人知，只能通过其效果去了解。

　　这些问题的一个解决可能也寓于该课题的开源方法，这一次开源可用于微处理器本身。如果采用开源的方法，任何计算机安全工程师都可以审计芯片的设计，使物理结果与原始设计相当；你甚至可以想象构建不用于商业化而是用于内部使用的芯片，无须许可即可使用计划生产的芯片。一个名为 Risc-V 的项目正在探索这条途径。该项目始于十年前，在伯克利大学起步，旨在开发一款指令集体系架构（Instruction Set Architecture/ISA），以设计 RISC 处理器。第一家制造商 SiFive 也诞生于伯克利，它掌握了处理器的设计，并允许其熔断（meltdown）。

有时不为人知的秘密甚至不在芯片中，而是芯片本身。2018 年 10 月 4 日，《彭博商业周刊》（*Bloomberg Business Week*）发表了一篇备受瞩目的文章《大黑客》（*The Big Hack*），报道在服务器计算机板组件中嵌入的芯片比针头还小。据报道，这一发现在三年前就在亚马逊触发了。亚马逊当时正准备为其 Amazon Prime 视频服务收购视频压缩专家 Elemental，在对 Elemental 进行安全测试时就发现了这一漏洞。此外，Elemental 已经向几个"敏感"的美国政府部门（包括中央情报局）提供服务，亚马逊向其出售了一个亚马逊科技云孪生基础设施。Elemental 服务器由 Supermicro 组装，Supermicro 是一家总部位于圣何塞的制造商，也是服务器核心主板生产领域的世界领导者，Elemental 只是 Supermicro 的众多客户之一。

照片编辑 DXO 实验室对手机电池进行客观和比较的检测，评估每一款手机的特征和品质，据此判定：苹果和谷歌不能再获得与中国相同的硬件，也不能再获得相同的供应价格；美国人只剩下一个优势，他们暂时比中国竞争对手领先十二个月。但中国公司继续测试市场并承担风险：华为每个季度推出一款手机，有多个子品牌；相比之下，苹果每年推出一款手机，只能精炼处理算法，借以维持性能方面（例如在照片／视频中）的领先。[1]美国在硬件领域的霸主地位在一段时间没有受到挑战，尤其要归功于英特尔、高通和博通。虽然英特尔巨头完全错过了智能手机领域，而该领域的销量和利润率相对较高，但它在服务器领域仍然无人能及。俄罗斯在2015年公布的举措涉及两个微处理器系列：基于MIPS32和ARM架构的贝加尔湖（Baikal）用于俄罗斯公共服务的台式机，而Elbrus处理器则用于大型机系统。关于这两个系列芯片实际部署的公开信息很少，这两个系列芯片使用28至65纳米之间的蚀刻技术，远远落后于当前标准。中国人鼓励并资助了龙芯和双威处理器的发展：后者在2018年3月至6月期间将双威太湖之光超级计算机推上了领奖台的顶端。看起来他们在技术上比俄罗斯同行更先进：最新一代的龙芯蚀刻在12纳米，而太湖之光的双威SW26010采用"多核"架构，这种方法类似于法国的Kalray芯片。

与此同时，直到最近还认为自己在中美技术谈判桌上的欧洲，现在才完全意识到它只是在菜单上。德累斯顿代工厂场悬挂美国国旗，ARM不再是欧洲公司（也不是英国公司），只有外资企业CEA（仍然掌握纳米电子领域的许多尖端技术）、意法半导体（法意）（Franco-Italian STMicroelectronics）或者荷兰的阿斯麦（光刻设备的世界领导者，在芯片制造中不可或缺），让欧洲旧大陆留在了

---

1. 苹果收购我主持的人眼保真技术公司imSense十年后，处理算法现在负责智能手机的大部分照片渲染，包括中国手机的照片渲染。它知道如何实施和测试新的处理方法，这就足以保持领先优势，例如谷歌研究员Marc Levoy及其Pixel团队设想和发布的方法始终围绕如何保持领先优势。

画面中。

　　幸运的是，我们有蒂埃里·布雷顿（Thierry Breton）。他精力充沛，是欧盟内部市场（以及大量其他投资组合）专员、自信的技术爱好者和速度调整理论家。他完善了维斯塔格（Vestager）专员的反垄断工作，与维斯塔格专员联系紧密。尽管在他就位之前，EuroHPC（欧洲超级计算机协调）和EPI（欧洲处理器倡议）已经到位，但他通过声明、巡视和访谈来支持和强调他熟悉的问题所在：他曾经主持Bull公司，十七年后Bull在他的授权下被Atos收购。Bull是最后一家欧洲超级计算机制造商。它战胜富士通和惠普拿到合同，建造欧洲七台超级计算机中的四台。然而，这些超级计算机继续使用美国硬件特别是英特尔的处理器，它们向英国ARM架构的转换也是最近的事情。一些观察家注意到，一个小团队几年前已经就ARM架构替代英特尔的可能性进行调查，并有一些进展，因为据报道该项目被"提交"给EuroHPC执行委员会……不料调查无故被立即叫停：是因为英特尔无可争议的霸主地位吗？2025年似乎是那条地平线。因此，英特尔将通过成为其代工厂来吸引高通，而欧洲处理器项目EPI已决定采用英国第一个ARM（20）设计，虽然它可能会成为美国处理器。不管怎样，欧洲人还采用了美国人Risc-V的开源方法，他们现在的目标是2030年实现。

　　因此，无论通过小型化消失，或逃离我们的关注而消失，硬件的消失都是我们数字主权房间里的大象。这一表述是在2014年初政府委托菲利普·莱莫因（Philippe Lemoine）编写的《法国经济数字化转型》报告中浮出水面的，该报告由皮埃尔·莫斯科维奇（Pierre

Moscovici）委托并提交给总统埃马纽埃尔·马克龙（Emmanuel Macron）。莱莫因报告里 500 多人制定的 53 项措施和 118 项建议立即被埋葬了。报告确定的数字主权杠杆常见的可疑因素是：增加公共支出、国际合作（最好是法德合作）以及向知名制造商下订单的承诺。除此之外，欧洲与其最快而不是最大的成员国结盟的想法，使之对爱沙尼亚的数字民主密切关注：这种堪称典范的方法是它受到俄罗斯制裁时需要国家服务连续性的结果。莱莫因报告中确定的数字主权的另一个杠杆是"技能主权"。当然，科技世界以"硬"科学为基础。位于格勒诺布尔的 CEA–Leti 实验室与比利时的 IMEC 研究所、德国的弗劳恩霍夫研究所并驾齐驱，是欧洲半导体研究的三大中心之一，在绝缘体衬底硅领域成就卓越。绝缘体衬底硅技术已由法国半导体公司 SOITEC 实现产业化，该公司自 2011 年以来一直得到法国"未来投资计划"的支持。Kalray 或 UpMem 公司在处理器领域握有专业技术知识，它们巧妙利用随机存取存储器存储芯片的"消失"：硬件的小型化在存储器上留下了越来越多的空间，SOITEC 公司设想并实现了直接放置在存储器上的处理单元，这些处理单元直接与存储单元通信，而不需要穿过将这些存储器连接到微处理器的接口，那会大大减慢信息的传输。任何可以在本地处理的内容都会全速处理，从而节省时间，减轻主处理器的负载。数字主权的第二根支柱是计算机科学：长期以来，该学科被认为是"次要"的计算领域，仅限于理论维度。自 2010 年以来，该学科已被提升到工程科学的级别，法国高等信息工程师学院（EPITA）的学生被授予"官方"工程文凭，在学校获得工程学位委员会的认证。计算机科学与先进技术学院（School for Computer Science and Advanced Techniques）成立于 1984 年，培养传奇且备受赞赏的软件人才，现在是第一所致力于"计算机科学"和培训软件工程师的大型工程学院。

　　然而，工程并不是一切：没有数量、质量和自由就不足以确保独立和掌控。比如，法国每年颁发约 40 000 个工程学位，有将近 100 万工程师。科学领域（英语世界称为科学、技术、工程和数学 /STEM）吸引了法国四分之一的学生。按人口比例来算，这比美国多，比印度、德国或英国少。即使我们想因法国工程师"更好"这一事实感到自豪，也没有什么比得上总量。虽然计算的数据源和方法仍有争议，但数量级不言而喻：印度每年的工程毕业生人数有 250 多万，中国有 160 万至 470 万，美国仅有 70 万，这是 2018 年的统计数字。预计到 2030 年，中国的工程毕业生预期增长率为 300%，美国和欧洲的预期增长率为 30%。工程师又分多少个部类？

　　我们已经目睹了难以描绘物件的出现，其构造成分不能再浓缩为单一的项目：微处理器和存储器已经从我们的眼睛和我们的理解中消失了，取而代之的是单词或一连串的数字，而它们不是由西装革履的人物再现的。组件的价格已经消失：价格与上下环境相关，因为芯片系统的集成不断增加，所以价格与最小的底层元素没有联系。接着，机器本身消失在自己的屏幕后面，或者消失在科技云中。高科技设备的显式功能已经在其物质形式中消失，无论天线、耳机上的 3.5 毫米插孔、手机上的键盘都统统不见。这可能是人们对短片《电视，明日之眼》[1] 重新燃起兴趣的原因吗？一些消费品的价格也消失了：大多数所谓的"智能"联网扬声器都不见价格，谷歌或亚马逊的补贴水平也不为人知。随着人们对"无代码"迷恋的增长，我们对这些复杂问题的理解和好奇心已经消失。如果我们相信现在大量的培训课程，任何人都可以在几周内成为"全栈开发人员"（full stack developer）。技术主权的概念会因此消失吗？

1.《电视，明日之眼》（*Television, the eye of tomorrow*）是由雷蒙德·米勒（J.K.Raymond Millet）在 1947 年制作的短片，摘自勒内·巴贾维尔（René Barjavel）的一段文字，今天有些人幻想它是对 iPhone 的期待，见 https://www.youtube.com/watch?v=ZKfOcR7Qbu4。

本章思考题

总之……你呢?

2021 年下半年的电子元件危机使西方世界痛彻地意识到对半导体的战略依赖性。欧洲意识到它在这个问题上陷入了僵局,但为时已晚。

服务器市场及其主要玩家被大客户深深震撼,这些大客户决定自己搞设计,接着又以前所未有的联盟共享一个资源池。开源法(open source approach)不仅是免费访问的承诺:它本身首先是矫正和维护的最佳方式,能覆盖尽可能多的参与者。

开放计算项目(OCP)证明开源从软件走向硬件的有效性。投资和运营的节约不言自明,加盟的伙伴众多也说明了问题。

开放设计法(open design approach)如今已延伸到微处理器世界。

作为政界人士,你如何量化"未来投资计划"(PIA)的影响,用你的选民能听懂的语言表达吗?

你是政界领袖,除了对美国科技界的四大巨头(GAFA)必然的监管和政府对硅谷帕兰提尔(Palantir)初创公司的服务外,你对数据主权问题的感觉如何?

你是公司经理,你了解自己公司的开源法吗,你是否挑战过开源法的风险和收益?

照片墙中心的迁移、脸书普林维尔数据中心的建设都是雄心勃勃的工程，由一个才干杰出的小团队领导，曾经被认为是不可能完成的任务完成了。你找到自己小小的"比萨团队"，思考过如何管理这样的工程吗[1]？

---

1. 2021 年 4 月 22 日，Frédéric Filloux 发表毫不妥协的文章，见 https ://www.episodiqu.es/p/bad-news-folks-la-souverainete-technologique。

第十一章
—

比特币、以太坊和区块链

2016 年 6 月 30 日上午 11 点 35 分，凡尔赛门。

首届法国 VIVA 技术贸易展由阳狮集团（Publicis）和《回声报》（*Les Echos*）组织，旨在向公众和行业推广数字经济和法国科技企业。VIVA 展是一种迷你型的法式国际消费类电子产品展览会，凭借阳狮集团主席莫里斯·莱维（Maurice Levy）的关系，它吸引了 5 000 家初创企业和 45 000 名参观者，邀请著名人物演讲[1]。法国储蓄银行总裁受邀发表有关区块链的主题演讲[2]，我也应邀发表讲话。

几个月前，"ᵬ"那个词儿以双重方式浮出水面。一面是加密货币，已经有八年历史的元老比特币在 2013 年底大幅飙升，其价值在短短两个月内增长了六倍，然后在 2015 年 1 月恢复到泡沫前的水平（200 美元左右）[3]。另一面是区块链，起初它是基础设施，允

---

1. 这不是阳狮集团主席第一次尝试这样做：五年前，应萨科齐总统的要求，他于 5 月 24 日在杜伊勒里宫组织了一次八国集团会议。在稍后的多维尔峰会上，马克·扎克伯格成为客串的讲演明星。

2. https://twitter.com/_n_filali/status/748451315035045889

3. 最初几年，比特币并不值钱，挖矿容易，得到比特币困难。2008 年至 2013 年的上扬曲线进展缓慢，第一次明显的震荡发生在 2013 年 10 月，随后发生了崩盘。这次崩盘使一些评论人士提出，破裂的泡沫是这种加密货币和底层项目虚荣心的标志。其"价格"的演变、对其价值的看法以及与任何稀有资产（无论其是什么）相关的投机，可以在许多网站上找到，包括 https://www.statista.com/statistics/326707/bitcoin-price-index/。

许去中心化系统的部署，以不可逆、可审计的方式记录交易。为什么不将区块链基础设施用于其他目的呢？在这枚硬币的边缘，双方都试图忽视另一方，一个既有希望又令人困惑的概念正在流传：去中心化共识。涉及算法、密码学和系统架构的概念，极其复杂且美观，这个话题很快就变得两极分化。由于话题的实质不可通达，人们的交谈很快转移到源头（作者/发明者）或其对应物价值上。此外，去中心化有一些现代和时髦的东西，韧性增强的技术前景随之加强，抵制审查的革命和风潮也随之变得强劲。简而言之，人们众说纷纭、十分震惊，面对五花八门的类比忍俊不禁。在此期间，许多顾问试图尽快唤上一个未及干透的面板，将其作为创新和支持提案的基础。现实情况是这个主题使人人吃惊，包括那些顾问，而且顾问们也不是可信的尖兵。对于刚刚庆祝成立 200 周年的法国储蓄银行来说，这个话题似乎并不相干。然而，在关键词弥漫的音乐会中，一个神圣的术语不断出现，成为任何新闻稿的强制性警报，其含义与这家资深银行的理念及其红色徽标一样丰富。这就是信任的概念，比特币和区块链正在重访它、解构它。信任首先是一个政治问题，用另一种形式考虑则是一个批评的问题。其次，将比特币的生产托付给机器是一种挑战，集权的银行必须回应，至少是要探索。再次，抛弃公证人的幻想反弹，遭遇持续常见的错误而有所感悟；依法将比特币的生产下移时，有关方必须要知情和在场。在这里，"知情"和"在场"是同意的前提。一旦同意，交易就可以在区块链里记录下来，就像任何其他登记的手续一样：这只是行政后台的问题。

2014 年 11 月，我在韩国首尔的奥兰治研究院组织的一次学习考察中发现了这个主题。在以后的几次会议包括 2015 年 1 月的"数字生活设计慕尼黑会议"[1]上，我对这个课题感兴趣，我坚信这不是一种微不足道的时尚，我的同事纳迪亚·菲拉利（Nadia Filali）颇有同感。他在项目管理、财务后台方面拥有丰富的经验；在驾驭招标、管理法国储蓄银行管理公司（CDC）数千亿欧元金融证券时拥有必不可少的信心。我们很快就明白了，无论是承诺还是威胁，去中心化的信任都需要由几个人来探索，要通过不同用例的测试。如此，我们方能培训储蓄银行的内部团队，让他们熟悉这些非传统的主题：毕竟我们正在谈的是重温信任的概念……

科技界围绕比特币和区块链的对话贯穿 2015 年，经常引发质疑，有时释放激情，经常围绕一个无人能解的话题展开——评论分裂，五花八门，遑论解释。在今天最多只允许五分钟时长的广播节目或讲台上，这个问题谁也抓不住、说不清。在储蓄银行的支持下，我们成立了一个名为 LaBChain 的联盟，旨在探索和原型化比特币和区块链的用例，成员有创业家、银行家、保险人和监管人。我仔细聆听几位专家的高论，他们自信坦诚，同时又面露内疚和讶异。在这个课题上他们已经琢磨了几年，但他们"还没有彻底弄清楚"。我用一句话归纳大家提出的问题："区块链，用两个词解释，在两分钟内，它是什么？"我的回答总是："比特币和区块链共同构成了新千年最有趣的文化和政治挑战之一。"我今天的看法仍然

---

1. 数字生活设计（DLD/Digital Life Design）大会由德国博达（Burda）传媒集团主办。

如此。接下来我问与会者是否还有其他问题，我要确保至少有一个小时来触及区块链问题的皮毛。

我无意在此给读者上课。你们会在网上找到很多相关的内容，当然你们跋涉的路径各有不同。所有的学习都需要时间来坚持，以免瞎子摸象的回归式固恋。我也讲什么是货币、什么是货币价值，但在自由货币大规模倾销的时代尤其不想长篇大论——这是经济学家的问题。然而，提供一些观察和背景似乎是必要的，这可能会增强你的好奇心，加深你深入研究的欲望。

我的第一点观察是比特币和区块链的历史性。2008 年 10 月 31 日，笔名中本聪（Satoshi Nakamoto）的人发布了题为《比特币：点对点电子现金系统》（*Bitcoin: a Peer-to-Peer electronic cash system*）的白皮书。雷曼兄弟申请破产仅过去了六个星期，这标志着 2008 年金融危机的开始。比特币网起始于 2009 年 1 月 3 日创世区块（Genesis Block）的开采；创世区块是零区块，所有后续区块都将连接到这个零区块。在这种情况下，比特币协议的前 50 个比特币发行了；随后，比特币网大约每十分钟又发行 50 个比特币，总共发行了 210 000 个区块。前 50 个比特币和后续比特币的发行都记录在协议中指定的特殊交易里，称为比特币库存。这也写入协议的元数据字段中，首批比特币包含在当天英国《金融时报》的标题里："《泰晤士报》2009 年 1 月 3 日称，财政大臣正处于第二次银行救助的边缘。"此后，该标题被解读为日期证明（时间戳）和政治宣言。六天后，中本聪电脑上编译和运行的比特币客户端的源代码发布，比特币网诞生了，其化名作者无须征求任何人的许可。几年里，比特币几乎一文不值，只是在一个实验性网络中充当代币。正如白皮书所述，比特币网的目标是在点对点网络中部署"无底层信任的电子交易系统"。基于以前工作的加密机制确保了比特币交易的安全性，分布式和可审计的登记留下不可伪造的记录，比特币交易得到规范化，逐渐投入流通的代币发行也得到规范。比特网推出一年后，首次以美元购买和销售比特币的交易出现。

2010 年中期，1 个比特币的交易价格为 0.0008 美元，即 8% 美分。不久，比特币价值首次飙升，价格上涨 900%，达 8 美分。这次交易发生在聊天室；2010 年 5 月 22 日，有人用比特币首次"购买"产品，订购了两个比萨，其间接价值（indirect value）为 10 000 个比特币。此前，中本聪在比特币论坛上非常活跃，他开发协议代码，发布技术信息；此后，他却难得现身，不再参与。直到 2011 年春天，比特币才与美元平价。那一时刻，沉默了几个月的中本聪终于发声，他告诉一位比特网投稿人说："他本人已经'继续前进'。"他的身份一再有人声称，一再有人怀疑，本人却一再否认，永远无法认定，直到今天仍然是一个公开讨论的话题。起初，比特币并不是一种投机工具，它基于代币流通，意在成为银行系统的替代项目。比特币以可预测的数量提供，交易各方互不认识，也无须相互认识；交易不可逆、不可伪造、可审计、不可抵赖。每笔交易都被密封和记录，除了运行开源代码的机器网络之外，没有任何其他中介，每台机器都保存着自网络激活以来的所有交易的完整副本——这段历史就是所谓的区块链。

我的第二点观察是审美性的。系统及其架构的"美丽"在于一切都是在协议本身规划和布局的，由所有网络参与者执行，并且可读，因为其源代码和原理是公开的。比特币协议定义了交易的格式，通过"矿工"之间的定时竞争来验证这些交易的机制，如此验证交易块的创建、此区块与先前区块的连接，以及更新的区块链在网络节点上的复制。根据区块被验证时创建的比特币，比特币协议定义了奖励挖矿机的机制，因及时挖掘而"赢得"竞争的机器获奖。这种竞争应被视为一种博彩，其获胜者无法提前知道结果，因此容易腐败。为了维持"博彩"的随机性，有必要保持足够的速度，使矿机无暇作假，即使具有现象级计算能力，矿机也不能伪造正在进行的开采工作。这是为每个区块的挖掘选择和维护时间受限制的原因之一：区块平均设置为十分钟，时长总是由协议决定的。节奏的调整根据"博彩"的难度，以及前两个星期区块开采的平均时长来调整和维持。难度的调整是自动的，你可能已经猜到，调整也委托给机器，这成为那些对银行系统及其中介机构失去信心者的选择。分散共识、没有潜在信任的电子交易，这些概念构成了一种承诺：没有人能接触到在网络上进行的交易而去干扰它们，这是在协议中定义了的。最后，协议定义了这个混合系统发行的比特币数量，该系统结合了这些代币的创建和使用：每 210 000 个区块，即大约每四年，博彩获胜者的"奖励"减半。矿工的报酬从十二年前最初的 50 比特币增加到 2020 年 5 月的 6.2 新比特币。截至 2021 年 2 月，比特币已经发行了 1 800 多万个。预计到 2140 年，还有 200 多万个比特币将被发行，届时所有 2 100 万个比特币都将被创造出来，而且不会再多了：比特币网能够仅仅依靠交易费融资。这种数量有限的代币（其定义是明确的）是比特币有时被视为"价值储存"货币的原因之一；银行系统的"法定"货币不是"价值储存"货币，自 2008 年以来银行的货币经历了前所未有的通货膨胀[1]。

我的第三点观察是政治性的。2008 年金融危机后，比特币的宣示和随后的部署既不是网络犯罪分子的狂想，也不是无法无天的投机者的工具。在网络上交换价值时，人们仍然表现出对人类的不信任。这是完全由机器操作的分布式信任，这个选项可以被视为对一句隽语的回应：人类计数时容易犯错（就像在编码时容易犯错一样），在金融体系里更容易犯错，查尔斯·庞兹（Charles Ponzi）、伯纳德·麦道夫（Bernard Madoff）[2]的效仿者经常利用我们的弱点。将事情托付给机器，那是对银行系统及其中介失去信心者的选择：去中心共识、无底层信任的电子交易的概念就是一种承诺；因为没有人能够获悉网络上的交易，人为的干扰就无从谈起。一个针对极客的简洁公式就是这个乌托邦的完美总结："工作的证明就是反验证码（Proof of work is the anti-captcha）。"

马克·安德森（Marc Andreessen）因其颅骨形态学而闻名，因感觉"软件正在吞噬世界"的公式同样闻名。他提出的另一个类比使我们部分理解了以下难题的意义。安德森创建了浏览器网景公司

---

1. 在 2001 年至 2021 年的美国，美联储（FED）的资产负债表增长了 14 倍，货币供应量 M2 增长了 4 倍，而 GDP 只增长了 2 倍。仅 2020 年，其资产负债表就翻了一番，M2 增长了 25%，GDP 却下降了 2.3%。资料来源：美联储和世界银行。
2. 查尔斯·庞兹（Charles Ponzi，1882—1949），意大利诈骗犯，生于意大利，活跃在美国和加拿大，以"庞氏骗局"著称。伯纳德·麦道夫（Bernard Madoff，1938—2021），美国纳斯达克前主席，效仿"庞氏骗局"获利，死于狱中。

（Netscape），投资了安德森 - 霍洛维茨（Andreessen-Horowitz）基金。2014 年他提出的类比是：比特币 / 区块链类似 TCP/IP（网络通信协议）。正如我们在 20 世纪 90 年代所设想的那样：在"中立"的基础设施构件上，可以全球部署非常广泛的创新和服务，且其中一些完全是出乎意料的。事实上到 2021 年 5 月，比特币在全球拥有约 1.3 亿用户，就部署而言，它已达到互联网在 1997 年的渗透水平。通过外推，比特币在四年内就可能突破 10 亿用户，互联网达到 10 亿用户的水平则"花了"七年半的时间[1]。如果我们考虑两者的根本区别，安德森将比特币和区块链定义为"货币互联网"就是一个更有趣的类比。互联网是全球性的基础设施，其关键特征是使几乎无边际成本的信息复制成为可能。比如，我用电子邮件发送本书的手稿时，实际上就产生了原件的副本，副本到达出版商的电子邮箱，而源文件仍保留在我的硬盘上；同理，智能手机拍摄的照片传输给记者甚至发布在平台上时，仍然保存在拍摄的手机里。

因此，互联网实质上是一台巨型复制机，它大规模地复制比特、字节和内容，而且几乎是免费的。若用 10 欧元钞票替换电子邮件或照片，问题立刻就出来了：这不再是复制信息的问题，而是移动价值的问题。在某种程度上，这就像 10 欧元钞票离开我的手到达你的手中一样安全。请想象做这样一个思想实验，我口袋里的一台机器生成了一张 10 欧元钞票，我将它递给你，这样的"交易"结束时，10 欧元的价值就变成了 20 欧元。这里的问题不仅是显而

1. https ://www.nasdaq.com/articles/can-bitcoin-grow-faster-than-the-internet-2021-05-07

易见的，而且仅仅其可能性的假设就立即使所有的信托货币化为乌有。因此，为了在互联网上移动价值，以绝对确定的方式保证其在任何时刻的唯一性至关重要。若要以安全的方式用自己的银行账号付款（无论是转账、直接借记授权还是使用银行卡），答案是可能但不完善的，因为收款人还必须在银行系统中拥有账户。此时，交易双方通过互联网连接求助于"真实世界"上覆盖的一个层次。贝宝（PayPal）设计的方法使用你的电子邮件地址而不是你的银行账号（银行账号就是你的银行地址，一些银行在用户界面方面尚未集成）。这是部分但不对称的进步，因为它依赖一个第三方基础设施，这个基础设施把你的银行卡运营商和接受此类支付的商家连接在一起。

　　长期以来，密码学专家都试图开发纸币的数字等价物（数字现金），这样的数字货币应能直接在电子网络上传输。同时，他们还致力于通信的匿名性。1983 年，戴维·乔姆（David Chaum）在伯克利发表一篇论文，研究不可追踪支付的电子签名，又研究使银行发行数字货币成为可能的系统；银行或任何其他人都无法在这个系统里跟踪数字货币的使用。1988 年，他携手阿莫斯·菲亚特（Amos Fiat）和莫伊·纳奥（Moi Naor），在他自己概念的基础上加入交易中双重支出（double spending）的检测。随后，他于 1990 年在阿姆斯特丹创建了数字现金系统（Digicash），将他的研究成果商业化：最初的交易发生在 1994 年，Digicash 被认为是历史上第一种电子货币。戴维·乔姆仍然被视为 20 世纪 80 年代密码朋克文化及社区的教父之一。

随机存取存储器：数字技术革命的故事

因此，比特币和区块链是长期探索的结果，通过匿名维护隐私[1]，它们是沉浸于加州反主流文化的密码专家研究的结构。伯克利是加州反主流文化的温床。纯粹主义者仍然认为，区块链是分布式共识最成功的版本，因为共识是公开的：任何人都可以参与网络，并在不征得许可的情况下为其稳健性做出贡献；即使某种形式的中央权力仍然可以和比特币系统的核心开发者画等号，但如此产生的代码仍然是公开的，只有被大多数参与者采用的代码才能融入系统的演化。代码还必须与现有的区块链兼容，因为这个区块是独一无二的（即使为了规避风险，它有数百万个复制品），并且自 2009 年 1 月的创世区块以来，区块一直是可审计的。最后，人人都可以成为核心开发者，这只是天赋的问题。然而，加密货币首次把非正规经济与互联网带来的规模效应结合起来，非正规经济是很受限的地方货币现象。除了进入（购买比特币）和退出（出售比特币）之外，这一切都是在没有任何控制的情况下进行的。加密货币的直接交易无须转换为现金，因此而逃避了监管和控制。如此，在短短的四个星期之内，监管和控制就出现了一个巨大的豁口：2021 年 9 月 7 日，萨尔瓦多承认比特币为法定货币，这是一个小小的飞跃。9 月 24 日，证明我说得不错："比特币和区块链共同构成了新千年最有趣的文化和政治挑战之一。"

---

1. 在不涉及太多技术细节的情况下，让我们回顾一下，虽然电子现金背后的愿景与纸质现金相同，但比特交易一方面是公开的、完全可审计的，另一方面它又是匿名的：若要在网络上操作，你需要一个比特币地址。匿名是可能的，就像中本聪的电子邮件地址是匿名的一样；通过今天网络数字痕迹的多条线索无法链接到一个人，这个地址是匿名的。

我的第四点观察是数值方面的。比特币及其模拟器方法的逆转在于它改变了交易的观点。银行系统中，价值转移实际上是两个账户之间分录的变化：如果余额允许，一个账户会减少，而另一个账户会增加相同的金额，直至起息日。双方之间没有任何东西在真正流通，信任只基于一组简单的"条目"。比特币的交易也是各方之间的价值转移，但这一次的转移是从他们之间的流通即易手的东西来看的。信任基于一种保证：我的比特币属于我，而我是唯一持有人，因为唯有我持有其密约，允许其转移；而且网络中的任何参与者都可以验证它属于我，并识别此前所有参与者形成的链条。因此，交易变成了所有权的变更，写在代币身上。好比是在上文所述的 10 欧元钞票上，既有我的时间戳签名，又有它流通过程所有人的签名。那么，支付 10 欧元就相当于让新的所有人在众目睽睽之下签字，那张钞票"本质上"是不可能复制的。

其他区块链呢？自从比特币作为一个带有怀疑色彩的政治话题出现以来，许多人一直梦想着一个没有相关加密货币的区块链。我们是否应该立即使辩论两极分化，并将他们视为简单的饮用者或加拿大干汽水的卖家？但主题在别处。密封信息块以免任何失真的想法与计算机密码学的任何研究都是同质的：保密性和不可更改性是密码的双重目标。真正的秘密是看不见的；可见的秘密是无法破译的；一旦被揭露，强大的秘密是不可改变的。数学函数具有神秘的运算方式和简单的名称——哈希函数，高效、快速地密封信息就成为可能。一方面，这样的算法将任何文件、文件夹、磁盘、数据集简约为有限长度的字节序列（例如 SHA-256 算法为 256 个字符）。

这样的结果不是摘要，而是指纹；严格来说，这个指纹并不能证明任何源头。但它的确能证明来源的原生性，能防止任何假冒：源头一改，打印出来的东西就不同，两个邻居之间碰撞的概率极低。河马的照片和疫苗接种证书是否具有相同的哈希函数并不重要，因为它们的等价性没有意义，也没有利害关系。另一方面，哈希函数可以保证两个相邻文档发生碰撞的概率几乎是零：证书的日期一变、接种人的姓名或疫苗品牌一变，哈希函数就完全不同了。无须解释你就能验证向你呈交的文件是否与你持有或签署的文件相同。因此，无须打开内容并揭示内容，你就可以证明内容未被更改；为了证明内容的原生性，只需给它打上时间戳就足够了，你无须给它提供哈希函数[1]。如果我们将哈希函数的"文档"替换为代表交易跟踪的行列表，那么如此交易"区块"的哈希函数就是数字指纹，例如：

1. 区块记录在案的任何交易都是不可能重构的；

2. 区块中记录的任何交易的最轻微变化都会导致与原始指纹完全不同的指纹。

伪造这样一个区块中的任何交易记录，如更改金额、受益人或时间戳，都会产生一个很容易和原始哈希值进行比较的哈希值，这些哈希值很可能第一二个字符就有所不同了：你不必再去读取剩余的第 254、255 个哈希值，两个字母就足以证明身份的不同或金额的差异。因此，在交易块被散列之前，将前一个交易块的哈希值插入本交易块的成分中，你就可以用很低的成本去强化以前的链接：越

---

1. 就像中本聪在《金融时报》创世区块链角底所盖的时间戳。

往前回溯，你就越不可能在不改变其痕迹的情况下重写过去。若要让这些痕迹不可磨灭、不被遗忘，你只需复制这些痕迹就可以防止积累的历史消失。这种保存信息和知识的方法可以追溯到中世纪：手稿通过时，每个修道院都制作一份副本，所以修道院就成为古代知识网络的"节点"[1]。因此，去中心化和分布式配置产生韧性、抗拒审查：即使记录和哈希活动停止，只要有一个以上版本的历史，过去的任何东西都不会丢失，也不会堕落。

我的第五点观察是技术方面的。若要以可靠和分布式确保信息或交易的可追溯性，那就需要一个底层网络即互联网。若要保证交易不可逆的不变性，并允许"有价值的代币"移动，那就需要算力，特别是加密能力。每一联网事物生成数据的增加值是其相乘的数量：2021 年底有 300 亿个"事物"（物联网的事物）联网，2050 年联网的事物将超过 1 000 亿个。摩尔定律适用大多数情况，总数据处理能力多半从网络的核心迁移到网络的表面，此所谓"边缘计算"（edge-computing）。去中心化不仅有趣，且不可避免，分布式协议则不可或缺。2014 年 9 月，IBM 商业价值研究所发布白皮书《设备民主》（*Device Democracy*），报告由维纳·普雷斯瓦兰（Veena Pureswaran）和保罗·布罗迪（Paul Brody）撰写。这篇报告仅 20 页，图文并茂、言简意赅，为互联对象及其工业应用世界中的分散

---

1. 有冒险精神的僧侣离开修道院，奔波几个月甚至几年，将书籍带到遥远的修道院，以便复制。2008 年，法国学者希尔万·古根海姆（Sylvain Gouguenheim）出版《亚里士多德在圣米歇尔山》（*Aristotle at Mont Saint-Michel*），以引人入胜的方式讲述古代手稿在欧洲流通的情况。

流程和交易这一主题奠定了基础。其商业语言和格式无人能及，任何私人或公共管理者都可以访问。IBM 参与组建超级链接联盟，这份粉白皮书预示着 IBM 为区块链世界做出的决定性贡献。

超级链接（Hyperledger）由 Linux 基金会主办，汇集了多个合作伙伴（区块链的软件供应商、技术制造商、金融服务公司、大学和数字服务公司）。目标是以开源方式开发和共享在工商业环境中部署允许的区块链[1]使用所需的所有组件，并确保其互操作性。超级链接的第一个贡献者和推动者自然是 IBM，它为其客户提供"交钥匙"解决方案，特别是用于原型设计和开发可追溯性服务（例如农业食品领域里的先驱家乐福超市，其次是欧洲零售业的其他参与者）。其方法非常典雅，其基础是以下声明："这是一个非常创新的解决方案，可以满足您的需求；它非常复杂，但不要担心，我们会照顾一切。"它需要客户很少的投资，代价是添加"内部"组件时，商家可能会产生依赖性，他想重新获得控制权将更加困难。事实是，每个人都可以访问超级链接，任何团队都可以开始并设计自己的基础设施，只要他们有人才。

例如，初创企业 SmartB[2] 就是这种情况。它部署了一个基于超

---

1. 在许可的区块链中，共识是由事先商定和授权的网络参与者建立的。这样的区块链幽冥就是联盟区块链。此类基础设施可能使用代币，也可能不使用代币，但它们既没有野心也没有声称成为比特币或以太坊意义上的加密货币。比特币或以太坊是公共区块链基础设施，其中的共识是由网络本身通过参与其中的每台机器产生的，无须许可。

2. 我是这家初创公司的董事之一，该公司设在法国南部的蒙彼利埃，有不到 20 名员工，专注于二氧化碳排放的避免、减少及储存。我们将二氧化碳作为自然资本储存在数十万公顷的赤道森林中，见 https://smartb.city。

级链接的运营网络，在负责资助影响项目（impact projects）的组织授权下，所有参与者在网络上创建、分发和审计影响证明（proofs of impact）：有关社会企业家精神、环境影响、自然资本保护等项目的影响证明。加密货币将其可信度建立在没有重复支出的基础上；同理，影响证据的可追溯性也需要其独特的计数。保证以独特的方式记录大量避免的二氧化碳排放，既可以使额外的财务报告更加可靠，又可以通过跟踪碳交易来交换这些证据。

然而，影响报告正在成为一个关键问题：如果许多组织继续致力于一致的衡量标准，那么它们就能使自身的额外财务报告与其账户一样可信和可靠，并因此而获得认证，但那就需要一些以前无法验证的证据。我们让用户点击鼠标种植的每棵树都可以追溯，避免了重复计算，保证让"所有者"可追溯他负责种植的树木，就可以在交易自然资本的补偿市场上捕获二氧化碳。这就是影响证明，在种植的情况下就是树木生存的证明。

这一架构可以操作运行。另一个优点是，它可以在不依赖任何第三方的情况下"接管"影响证明。这就是开源的好处：它让每个机构或组织方能界定自己参与共识治理的角色。此外，确保网络节点证据的算力门槛非常低，我们这个初创企业 SmartB 凭借用户识别卡（SIM 卡）就完成了管理这些证据的壮举，无论这些证据是物理的还是虚拟的。因此，一部简单的电话足以生成和密封影响证明，无论这样的证据在世界何方。这样产生的证据有时间戳、可审计、可转移，这样的能力比测量本身的准确性更重要。电商的包裹已经抵达，而投递只计算一次时，投递的过程是否覆盖最后 900 米或剩余的 1.2 千米都不重要了。在这个例子中，目前的 ColisActiv 项目正在几个法国城市部署。从碳抵消的角度来看，投递者的身份并不重要：就其结构而言，SmartB 的方法完全尊重隐私和记名数据，因为 SmartB 并不需要隐私和记名数据。

我的第六点观察是经济方面的。上文的描述勾勒了区块链是什么——一个分布式数据库，其中的信息带有时间戳、界定明确、无可辩驳，这要归功于密码学。因此，区块链使联合项目的参与者能回答"谁在什么时候做了什么？"的问题，并能提供无可辩驳的证据。其他一切都取决于项目参与者的数量，以及他们在运营和治理方面是否可以相互信任。这就是我们如何区分私有区块链的依据：我们区分私有区块链（信任仅限于单个实体）、联盟区块链（信任仅限于一个小团体）和公共区块链（没有人先验性地相互信任，因为我们无法了解每个参与者。相反，信任是由网络本身产生的，其源代码像记录一样是公开的）。

因此，如果区块链之间的细微差别是政治性的，那么所有这些基础设施都是具体应用程序的基础，其中一些应用已经部署。例如，贾斯汀·洛克（Justin Lock）创立的 Kamix 公司可以向非洲汇款，但它并不像西联汇款（Western Union）等大公司；西联收取的手续费将近汇款金额的 10%，Kamix 不收取佣金，但每笔交易都赚取保证金。Kamix 赚取保证金的办法是利用欧洲和非洲的价格差异来进行加密货币的套利操作。因此，一般的加密货币尤其是比特币能支持"良性"用途，这远胜于投机或非法活动的融资（投机和非法融资在所有价值交换系统中都很猖獗）！我们还可以再举一例，在能源领域里，一家电力供应商提供了真正的原产地保证，满足了母公司专业客户日益增长的需求：Volterres 是可再生电力供应商，其能源和地理组合可以真正选择和监控。Volterres 是 Sun'R[1] 集团的子公司，汇集了可再生能源生产商，他们提供自己生产的电力，并以"检查"的方式将其分配给客户。这使每个客户都可以用三十分钟的时间步长来跟踪自己电力消耗的地理来源和性质，从而了解自己消费的能源组合。区块链确保可追溯性，使 Volterres 的客户能向股东提供精细且经过认证的报告，从而给"绿色"和"本地"等形容词赋予名副其实的含义，客户这类要求的呼声越来越高。这种方法远比现有电力供应商通常做出的"100%绿色"承诺更有力量、更有意义。可再生能源生产商的报价是基于在欧洲市场购买的碳证书，以补偿其能源结构中的非脱碳部分。欧洲法规要求，这些证书符合你购买一年之内在欧盟生产的"绿色"能源。换句话说，当你认为你正在使用供应商的"绿色"电力时，你多半是在为六个月前丹麦风力涡轮机的生产提供部分资金。

我的第七点观察是计算方面的。除了比特币和超级链接之外，公共区块链基础设施值得考虑。它也含有加密货币，有一张出处不明的面孔，野心更大，执行起来也更困难。以太坊（Ethereum）这

---

1. 我是 Sun'R 集团的独立董事。Sun'R 是法国光伏行业的资深公司，其创新超越了太阳能发电厂的开发和运营。除了子公司 Volterres 之外，该集团还是动态农业光伏领域的世界领先者，包括在农作物上部署移动面板，使其适应气候变化。这样的成就归功于人工智能，人工智能适应每一类种子、每一类土壤、每一种局部地区小气候。

个基础设施既是愿景，也是雄心：世界上第一台完全去中心的计算机，以太币（Ether）将成为其枢纽加密货币，在其上运行的程序（有时亦称"智能合同"）能以不可逆的方式执行，使组织者能自动实施其运营的治理。

以太坊诞生于俄裔加拿大计算机天才维塔利克·布特林（Vitalik Buterin）的想法。他发现比特币，2011年合伙创立《比特币杂志》（*Bitcoin Magazine*），任主要撰稿人。2013年，他主张增加一种编程语言，允许在比特币网上开发和部署应用程序，但没有成功。随后，他发布白皮书，提议开发一个新平台，将区块链原理与通用脚本编程语言结合起来，支持交易管理、创建新的加密货币、执行多个应用程序，并最终管理去中心化的众多组织，同时分享共同的区块链基础设施和加密货币。这台分布式全球计算机即以太坊虚拟机。19岁的布特林在滑铁卢大学学习数学和密码学，他接受了泰尔基金会一项10万美元的"奖学金"，离开大学专注于开发他的项目[1]。2014年初，他偕同加文·伍德（Gavin Wood）、约瑟夫·鲁宾（Joseph Lubin）等人创建了以太坊。伍德是"智能合约之父"和架构师，鲁宾是纽约布鲁克林Consensys开发工作室创始人。

以太坊用众包融资，通过"预售"以太币换取比特币，以太坊基金会筹集了31 000多枚比特币，大约相当于1 800万美元。2015年7月30日以太网推出实验版Frontier。于是，Web 3.0（第三代互

---

1. 2018年，他在加拿大的滑铁卢大学毕业，瑞士的巴塞尔大学授予他经济与管理学院荣誉博士学位。

联网）在望，开发人员雄心勃勃，Frontier 允许考虑多种用例……这一切都使以太坊既像狂野的西大荒，又像电影《黄金国》（*El Dorado*）。很快，以太坊征求意见（Ethereum Request for Comments / ERC-20）提案使得创建特定项目专用的本地加密代币成为可能，这些代币可以通过以太币获得，以太币又可以转换为比特币。因此，通过预售一小部分代币来融资就成为可能。如果说二十世纪末互联网热的标志是 IPO（首次公开募股），我们同样可以说，加密货币世界的迸发也因 ICO（首次代币发行）的热潮而加强：2017 年是加密货币年，886 个 ICO 使加密货币世界的业绩可圈可点，总计筹集了 60 亿美元的资金，所有加密货币的总价值增加了 39 倍，以太坊增加了 100 多倍。其中一些 ICO 不可理喻，并非其目的不可理解，而是因为执行速度、认购金额不可理解，有时两者都难以理解。

2017 年 5 月，Mozilla 基金会前高管布兰登·艾希（Brenden Eich）想要资助 Brave 浏览器的进一步开发；该浏览器于一年前推出，艾希已经从私人投资者那里筹集了 700 万美元。Brave 浏览器很尊重隐私，用众多功能堵塞广告，特别防止在用户不知情的情况下跟踪其导航。其宗旨是为网站提出一种更平衡的酬金模式，作为定向广告的替代方案。这种机制的核心是加密货币 BAT（基本注意力代币），用以支付用户的自愿注意力。Brave 浏览器的首次代币发行（ICO）包括"出售"10 亿比特币[1]代币，旨在为 Brave 浏览器的

---

1. 所有 ERC-20 代币的 BAT"价格"（以太币和美元计）及所有交易的历史都可以在 etherscan.io 上访问。

广告平台提供资金。2017 年 5 月 31 日，这一次的 ICO 筹集了相当于 3 500 万美元的以太币。筹资过程只持续了三十秒钟。对于一个没有收入的项目来说，3 500 万美元的筹资是了不起的成就，打破了 ICO 新生历史上的记录，在短短半分钟内达成这样的融资颇为反常。只有大约 130 人能够买到代币：最大的"买家"拿走了 13% 的代币，一半的报盘由 5 个人认购，三分之二的报盘由 20 名主要"投资者"认购[1]。首次代币发行里这种潜在的不平等与其以太坊社区成员有吸引力的论点背道而驰：凡追随项目者都可自由地获得股份，只参与竞投的人也可以得到股份；而且由于以太坊代币可以转换为其他加密货币，它们立即具有了流动性。如此，由于 Brave 浏览器的首次代币发行以及随后的其他 ICO 的发行，基于计算机脚本刚刚建立起来的脆弱的哲学基础就被动摇了。

　　这种脚本被证明是脆弱的，就像其意图美好一样。一方面，以太坊的雄心是使应用程序和服务可以编程，让整个组织也可以编程，而且一旦"编码"以后，它们就以不可摧毁的方式自己运行。唯一的人为干预是从一开始就预见到的组织治理的个人或集体决策，其模式写在代码脚本中。这是为了忘记编程语言的丰富性和健壮性之间不可避免的负相关——它越灵活，就越有可能陷入困境。如果说比特币受到以太币发明人维塔利克·布特林的挑战，那正是因为比特币网提供的原始用例非常少，因为它难以对不可逆和不可伪造交易之外的其他用例进行编程。另一方面，以太坊提

---

1. https ://techcrunch.com/2017/06/01/brave-ico-35-million-30-seconds-brendan-eich/

供了一个更广泛的框架，充满了可能性：由于非常广泛的脚本语言，成倍增加的代币，多种服务的开发遂成为可能。灵活性和可靠性不能很好地结合在一起。在基于不可逆性和严格不可能修改性的计算范式中，灵活性和可靠性的结合尤其困难。分布式自治组织（Decentralized Autonomous Organization/DAO）的产业灾难揭示了这一点。以太坊的前提之一是允许涉及价值转移过程的安全执行，并根据项目和组织是商业的还是自愿的来考虑它们的行为。对人类管理商品的不信任，加上最终用键盘即可实现的梦想，即对管理事物的大部分过程能进行编码的梦想——所有这一切都以一种分散的方式进行，并不受任何"接管"的诱惑时，分布式自治组织（DAO）就前景可期了。DAO 是一种自治组织，其运作不会因进一步的人为干预而受到阻碍或破坏。它的治理不会因少数人损害其他人的改变而受到质疑，因为这种治理是一个程序，在启动时就一劳永逸地固定下来。其使用案例非常广泛，就像它连接和抵制任意性的前景一样广泛。如何启动分布式自治组织并保持其运行（包括经济上的）呢？以太坊在单个网络上联合多个项目、计划和代币，从而拓宽区块链的用例。The DAO 是未来自治组织（future DAOs）的母亲和源泉，它也做同样的事情，它提供一个通用框架，允许多个分散的自治组织自己启动和融资。它是 Stephan Tual 和 Jentzsch 兄弟设想的一种结构，没有国籍、管理层或法律代表；它是一个风险投资基金，没有管理团队，每个订购者都拥有投票权，投票权与其握有的尚未使用的代币成比例。所有这些都是完全透明的，因为 DAO 也是一个程序：它是一组由脚本表达的以太坊合约，这个智能合约的所有源代码都是可访问的，因此对所有可以阅读的人而言，没有任何东西是可以隐藏的。一切都是提前宣布的，包括将 DAO 代币挂牌出售二十八天的过程。2016 年 4 月 30 日，DAO 的智能合约在以太坊区块 1428757 上激活。十天后，相当于 3 400 万美元的认购额已被认购，到二十八天交易结束时认购额已超过 1.5 亿美元。到那一天，DAO 已经吸引了近 15% 的以太股票，共有 11 000 个投资者，前 100 名持有近一半的股票，第 1 名持有约 4% 的股票。2016 年 6 月 17 日，在订购期间被带到 DAO 的 1 150 万以太币中，有近三分之一以太币被转移到以太坊地址。这一次转移被定性为攻击，攻击利用了基金的几个漏洞。事实上，DAO 只是一个（非常复杂的）计算机脚本，带有一些残余的编程错误。错误之一可以概括地打个比方：如果银行提款机只在提款时检查账户余额，而不是在银行卡的每一笔交易期间检查账户余额，那就会发生这样的情况：无限提取钱，清空提款机。具有讽刺意味的是，在攻击发生的几周前，几家以太坊开发者包括 "Chriseth" 就已经发现了这些漏洞，在攻击发生前十多天的 6 月 9 日，彼得·维森（Peter Vessenes）就在博客上转发了这些漏洞[1]。因为每个人都可以在 GitHub 平台上访问和阅读所有的代码，所以他提议打几个补丁，但他的建议被众人忽略了。经过长时间争论，以太坊社区最终决定对分布式自治组织 DAO 执行一个硬分叉（Hard Fork）：回到 "攻击" 之前的状态、回到 "攻击" 之前的区块，并从这个区块创建一个被大多数 "矿工" 采用的历史替

---

1. https ://vessenes.com/more-ethereum-attacks-race-to-empty-is-the-real-deal/

代版本。

我的第八点观察是法律方面的，再用 DAO 来说明。DAO 是一个身份不明的法律客体，它没有显形的存在或责任[1]，因为它是一个简单的程序，具有公共源代码，以分散的方式在数千台计算机上执行，它确保其他程序以自动和不可逆的方式分散运行。这个公式避免了任何复杂枝蔓，扫除了任何反对意见，并放大了雄心——"代码就是法律"。因此，其订阅宣言写明：若有争议，代码乃唯一权威。DAO 宣告，若遇不解之事，你坚持做你之所能，并通过类比来接近更令你放心的现实；但如果因此而将其比作投资基金，那就错了。DAO 没有任何风险投资基金的治理和监管机构，更无须任何监管机构的批准。但如果将其视为一只管理费最低、认购者得到全额回报的投资基金——姑且不论其完全透明性，那还是相当现代的观点。信用评估两次表明这种类比是多么错误的：当筹集新基金时，甚至在上述治理要素之前，DAO 就提出了一个投资论文，该论文事先定义了团队设想的投资性质、类型和数量，还特别确定了基金的目标规模。至于其筹资的时长，根据风险投资的原则它还是相当标准的。简而言之，认购者知道他们决定认购什么、筹集的资金用于什么。项目的发起者预计将为 DAO 筹集相当于 1 500 万美元的以太币；结果筹集到十倍以上的资金。在风险投资领域，一旦达到基金的目标金额，基金就会宣布"关闭"，成功与否的衡量标准不是超

1. 瑞士人创建的有限责任公司 DAO.Link 除外，该项目在瑞士建立，创建目的是确保与世界各地的法律和金融接口。

随机存取存储器：数字技术革命的故事

额认购和可能获得的"延期",绝不会使基金的最终规模失衡,也不会质疑认购者"购买"的投资论点。但 DAO 并没有设限,比较才会设限。因此,DAO 既不是投资基金,也不是管理公司:它不是法律意义上的公司;在法律意义上,公司至少要得到一个司法管辖区的认可,DAO 与"自治公司"一词可能的意义相反。为了避免任何诉讼和法律程序(既然没有法律实体,要挑战什么法律实体?),该项目的作者在乌托邦里避难,因为只有代码是真实的——"代码就是法律"。换句话说,所有订阅和操作机制都在代码里进行了详尽的描述,除了应该阅读和理解代码的用户之外,任何法官的解释都用不到。DAO 没有预见到挑战,也不存在有效的挑战,这符合以太坊"不可阻挡"和不可逆应用的根源愿景。2016 年 6 月 17 日,一名黑客吸走了 DAO 三分之一的"资金",这一愿景正是这位黑客借以避难的论点。他在一篇论坛帖子里指出,他像任何人一样阅读了代码,但在其他人之前发觉,DAO 允许未经事前验证的交易,他只是在使用 DAO,并不违反代码的任何规定[1]。在发布三个月后,以太坊社区同意的硬分叉终结了它代码的必然性和自主性的神话,并提醒我们,有时无论多么容易出错,人类仍然拥有必要的最终决定权。以太坊因过度自信和缺乏治理而出错了。

我的第九点观察是能源方面的。经常搅动论坛的"栗子"中有

---

1. https ://ogucluturk.medium.com/the-dao-hack-explained-unfortunate-take-off-of-smart-contracts-2bd8c8db3562-And for further reading

　https ://davidgerard.co.uk/blockchain/the

　https ://blog.bitmex.com/revisiting-the-dao/

欺诈案件：它们更多的是针对加密货币基础设施和"法令"世界接口的欺诈，而不是针对公共区块链固有稳健性的欺诈。如果加密货币是现金的数字等价物，攻击交易所和抢劫银行就没有太大区别；藏在床垫下的羊毛袜子的等价物是用户的钱包，任何不知道其密钥的人都无法破解，包括用户本人。用户是他自己的银行，因此是他自己代币和"资金"的保险人。最安全的解决方案是硬件钱包，其形式为 USB 密钥，可以用代码解锁，就像智能卡一样不可侵犯；密钥在原位生成，永远不会离开原位。市场领先的是法国初创公司 Ledger，它是 LaBChain 的长期合作伙伴，其工厂位于维耶尔宗，但地方政府长期漠视、不理解和不信任它。直到 2021 年 6 月 10 日，加密货币硬件钱包制造商 Ledger 完成了 3.8 亿美元的第三轮融资，它为法国独角兽企业打开了大门。维耶尔宗曾经是农业机械之都，是铁路运输的光荣，如今它拥有自己的 Ledger 谷了。另一个"栗子"定期返回加密货币的能耗，尤其是比特币的能耗。一篇将网络功耗与特定国家的功耗进行比较的文章足以引起兴奋和传递兴奋，指责工作量证明算法（Proof Of Work Algorithm）是所有环境弊病的罪魁祸首，并唤醒我们所有人内心的环保理想。在这件事情上，我们的大多数幻想都忽略了三个问题；在索性关闭比特币网络这个"污染的造假者网络"之前，我们应该提三个问题。

问题一：有没有更有意义的比较呢？2019 年，比特币网的年能耗相当于美国互联网基础设施的能耗，相当于铝土矿电解氧化铝行业耗电量的十分之一。

问题二：这种电的性质是什么？挖矿是一种竞争性博彩，其难度会自动调整，但其回报始终取决于电力供应成本。因此，使用尽可能便宜的电力符合矿工的利益。所有新矿场都建在脱碳能源附近，人们甚至可能会问，将它们部署在每个核电站附近是否明智……

问题三：这种电力浪费了吗？工作证明（Proof Of Work）确保加密货币的稀缺性和不可伪造性。它代表了提取物单一代币（a single token）所需的累积能量，就像黄金是矿山的"载体"一样，矿山允许黄金的提取和提炼工作。于是，比特币网消耗的能量是系统安全的最佳保证。当然，确保比特币交易的单位能耗仍然很高，但使用"链下"渠道例如"闪电网络"[1]覆盖启用的渠道，就可以降低验证交易的单位成本，将其降低到蝴蝶翅膀颤动的能耗。

我的第十点观察是物理方面的。一般来说，公共区块链尤其加密货币允许创建、管理和转移代码，或其他数字资产的责任／所有权，这些代码或其他数字资产的唯一性是得到保证的，其交易历史是不可逆的。因此，公共区块链尤其加密货币是非常强有力的记录方式，它们可以永久地、可审计地记录几乎所有的事情。你可以在区块链中记录任何你想要的东西，就像你"账号"的安全保障一样，记录信息的真实性也是其所在区块链之外的问题。写下的就是写下了，即使写作与现实世界脱节：一切都取决于"什么"……你确实可以根据完全错误甚至伪造的声明与未来约会。可靠性问题与

---

1. 如欲了解闪电协议（Lightning protocol）如何深刻改变比特币作为小额支付的基础设施，了解比特币的使用并使其民主化，请参阅 Yorick de Mombynes' 极富教育意义的谈话，https://youtu.be/8zo-rCBkSPs。

其说是关于寄存器，不如说是关于你在其中输入的内容的真实性 /
质量。在某些情况下（比如在 SmartB 的情况下），测量可靠性的重
要性次之，生成和评估的影响证明更加重要。在其他情况下，可靠
性是关键：应用于现实世界对象的可追溯性时，可靠性就很重要。
以独特且特定的方式识别零件、产品或成分时，确保并维护其物理
标识符和数字标识符之间的对应关系就变得至关重要。比如，在工
商业中，描述零件唯一性的办法通常是产品的序列号，序列号确保
它合规格、可保修。序列号通常印制或镌刻在产品上。假设它最初
"正确无暇"，根据其识别的对象进行了调整，我们如何能避免它后
来被"篡改"甚至被删除呢？枪支商店的劫匪"锉掉"枪的序列
号，目的正是要去除枪支的历史。移除墨水或标签更简单，因此未
来的操作可能是把序列号雕刻在产品深处，让任何伪造都不会毁坏
产品本身；同理，在化妆品领域，有人正在考虑使用修饰的 DNA：
化学中性、耐稀释，这些螺旋链的"字母"可以形成一个序列号，
以跟踪香水"汁"的泄漏或有价值成分的稀释。但是，以太坊网络
上所用的非同质化代币（Non Fungible Tokens /NFT）的一波新浪潮
分散了注意力：非同质化代币使得唯一方式识别收藏品、戏票或座
位号成为可能，使我们获得不可分割的财产权成为可能[1]。JPEG 图
像可能与智能合约联系，借此，不可分割财产权的归属或转让就成
立了，其源头是前所未有的"虚拟艺术作品"收购热潮；从数字

---

1. 早在 2015 年，首次代币发行（ICO）就使用了 ERC-20 可替代代币，但定义非同质
化代币（NFT）的 ERC-721 提案到 2018 年 1 月才发布。

小雕像到作者"融化"NFT 而产生的数字艺术，不一而足。作者又将自己的作品送到拍卖会上出售。推特创始人杰克·多西（Jack Dorsey）第一条推文的 NFT 以 290 万美元被人收购，数字艺术家比普尔（Beeple）铸就的《每一天：前 5000 天》（*Everydays: The First 5000 Days*）2021 年 3 月在佳士得拍出 6 900 万美元。2021 年 7 月确定的其余前 15 名数字艺术品包括以太坊网络上流通的 10 000 个加密朋克（Cryptopunks）中的几个"角色"[1]。用更严肃的调子说，NFT 技术能够在数字世界中创造稀缺性，所有在现实世界中搞这种稀缺性交易的人都会感兴趣：品牌和奢侈品再也不满足于简单的物理表现，这是一个追随客户需求的问题，用先驱弗雷德里克·蒙塔尼翁（Frédéric Montagnon）的话说，"生活在越来越多数字表现的世界里，而不是生活在世界本身里[2]。"NFT 技术看起来很神秘，且正在吸引大量人才和资金。稀有卡片集合的数字版本游戏尤其如此，以意大利帕尼公司开发的足球明星卡贴纸册为例，足球运动员的卡片以小包形式买卖；同样道理，幼儿在操场上交换贴纸册，希望收齐卡片完成自己的专辑。

早在 2015 年，青蛙佩佩（Pepe The Frog）就在地下网络里出现，并在不断增长的加密社区中逐渐流行起来。这些游戏的现代版糅合了收藏、稀缺和交易，最近出现在一家法国初创公司的面孔上。这家初创公司 2020 年筹集了 400 万美元，2021 年 2 月筹集了 4 000

1. https://screenrant.com/expensive-nfts-sold-so-far/

2. https://demain.ladn.eu/secteurs/tendances-2021/nft-blockchain-marques-luxe-mode-frederic-montagnon-arianee/

万美元，七个月后它结束了第三轮融资，这是欧洲初创公司里最大的融资。这家公司名叫 Sorare，由区块链平台 Paymium 的尼古拉斯·胡利亚（Nicolas Julia）参与共建。2021 年 9 月 21 日，Sorare 宣告，它已筹集 6.8 亿美元，其公司估值为 43 亿美元。更引人注目的是，在一轮融资时，Sorare 就已经实现盈利，它是一个收集和交换足球明星卡片的平台。这种调动真金白银的虚拟热潮足以吸引许多人的眼球。非同质化代币（NFT）技术提出的问题和它解决的问题一样多，并将我们带回本章讨论过的各种神秘现象：在这个奇怪的宇宙里，唯一相关的类比仍然是"浏览器之父"马克·安德森的类比"软件正在吞噬世界"。更准确地说，在很长一段时间里，区块链这种通用且中立的基础设施所允许的用例仍然是出人意料的。

本章思考题

总之……你呢？

首先，比特币提出了信任逆转的问题，以及人的机构在价值转移里作用的问题。

技术上，比特币是极具创新的组合，由标准且被广泛证明的组件构成：几页纸的白皮书提出并描绘了比特币。

比特币和以太坊（Ethereum）都是在政治和监管框架之外出现的。这两件事都表明了人类的天才：有人在申请获准之前就动手干起来了。

通过加密的数据和通信安全是电子交易的信赖支柱之一，无论交易是电子的或非电子的。反过来，协作软件源码（source code of a cooperative software）的发布就是保证，其中不含有任何隐藏的东西，无论是偶然的或犯错的东西。

目的是自由之女，我们有责任定期拷问目的和自由。

作为政界领袖，你在这个主题上是否持有强烈而既定的个人立场和官方立场？两者相同吗？

你是金融机构主管，你清楚加密货币问题吗？

你是公司经理，你做过"区块链项目"吗？你了解区块链吗？你从中学到了什么？

你是未来的商界领袖，你如何做好产品的独特性？又如何做好交易的独特性呢？你是否发现了自己团队成员里的加密技能？

你持有比特币或其他加密货币吗？你能说出为什么吗？

▶▶

狂人的
纵向集成

2018 年 2 月 6 日晚上 9 点 45 分在油管视频上：[1]

在全球数十亿观众的眼前，一幕光与火的芭蕾展开，三条火光划破天空，一辆车开启了恒星之旅，车内载有一个人偶。这样的技术是一场声光秀，驾轻就熟的特技效果令人吃惊，一丝幽默同时也使人想起冒风险的现实。摄影机架在推进器之外，实时直播推进器的风驰电掣、空间翻滚，然后在受控条件下降落。2018 年 2 月 6 日直播结束，两个侧置助推器同时优雅准确地降落在两个独立的发射台上。棋局里象的垂直线不再是想象的棋步，它成了太空探索技术公司 SpaceX 的大手笔，它打败了十年前它发起挑战的工业。这件事推翻了一切代码：SpaceX 发的一则推特，很快就由庞大的粉丝群转发，在互联网上直播，不经过电视机盒。这个历史性发射的一幕积累了众多观众。

埃隆·马斯克（Elon Musk），个性异想天开，既是娱乐人又是评论人，既是导演又是制片人和编程人。除了思考这一点外，整个垂直线的愚人节（Vertical Fool's Day）显示了一种集成的方法。SpaceX 和特斯拉（Tesla）都是技术公司，其产品硬件比智能手机或

---

1. https://youtu.be/wbSwFU6tY1c

计算机复杂得多，每克重量的价格便宜得多，但故障风险水平却完全不成比例：那是安全风险，甚至用户的生命。像其他技术公司一样，这两家公司选择制造软件和快速学习，作为进步和别具一格的杠杆；它们强调用户体验。它们还说明了美国和亚洲公司走向纵向集成（vertical integration）的基本态势，这是诸如此类工业公司前所未有规模上的集成。马斯克的唯一局限是物理学定律，Tesla 和 SpaceX 绝对不怕设计部件、生产线，也不怕建工厂——总之，它们闯进旧世界及其监管限制以及旧世界人力资源的多样性老工业物流——它们为了交货会挑战并重访过去的一切。埃隆·马斯克说到做到，常有一点延迟，但他做到了并且证明：有了人才及其对资本的吸引力，你几乎就无所不能。而且马斯克几乎是单枪匹马地干：以太空探索技术公司 SpaceX 而言，我们可以说那是纵向的集成，字面上和比喻上都是如此。

我们发现，这一方法论绝对渗透进了美国工业的每家大公司，实在是令人着迷。有些公司起初的工作完全基于软件或互联网服务，即使在它们的硬件生产里我们也看到这样的纵向集成法，这一方法有时延伸至价值链的上下游两端。试举一例，微软操作系统先前的模式（通过应用程序）夹在硬件和用户之间。后来微软尝试移动通信，它收购诺基亚失败后，就与先前的模式决裂，开始生产平板电脑（那是平面，不是纵向集成）。在这个方面，雷德蒙集团（Redmond giant）追随谷歌。起初，谷歌为浏览器支付大量的专利费以提供默认的搜索服务，后来它开发自己的 chrome 浏览器，把依靠它这一精神食粮的独立公司压缩到最低限度，尤其要控制 Firefox。

结　语　狂人的纵向集成

随后，谷歌用它的操作系统 Chromium OS 进入计算机市场，用像素范围 Pixel range 进入智能手机市场，又以不相关的价格出售连接扬声器。在扬声器这个领域，我们发现亚马逊的智能音箱 Echo 产品，它还要和你会话，或者更准确地说，你和亚马逊的语音助手 Alexa 会话；或许你会成为下一个电影名角西奥多·通布利（Theodore Twombly）吧[1]。技术巨人的软件硬件纵向集成似乎推进得越来越远，在元件、生产设备甚至物流上。

有关微处理器的著作多如牛毛（包括我这本书），有关数据中心的著作也很多，而屈指可数的几个人却可以更进一步去掌握世间万物。早在 2008 年，史蒂夫·乔布斯就在一场发布会上强调了一个理念——不是突显其产品，而是突显其制造过程；苹果手机完成了整个设计、规范和测试流程，设计延伸到了制作环节。马斯克曾经与松下、LGChem、CATL 合作，在超级工厂里生产电池。在 2002 年的电池日（Battery Day）他却宣称，他将在三年内把千瓦/小时的电池降价一半。他要从上至下重新审视电池的设计、生产线、阳极和阴极组合，但他没有忘记收购内华达州锂矿的开采权。

至于亚马逊，它在设计自己的仓库以满足前所未有的物流挑战。2018 年 5 月 19 日，它用 7.75 亿收购 Kiva 仓储公司（Kiva Systems）：携带托盘的机器人[2]是物流中心的关键配件，亚马逊自己制造，并

---

1. 斯派克·琼斯（Spike Jonze，1969—）执导的电影《她》（*Her*，2014），讲述了主人公西奥多·通布利（Theodore Twombly）爱上了一个能会话、通人情的 AI 人萨曼莎。
2. 凡是没有见过这些机器芭蕾舞的人，都不能完全理解为什么物流中心的架构是围绕它们开发的，它们像大型的自动真空吸尘器。

在它的 Lab126 研发实验室里继续物流开发。物流也是有关流动的问题。2014 年，这家零售业巨人从零开始研发物流，不幸遭遇了圣诞季的物流灾难。承运人跟不上，不能即时投递它的包裹，它不得不决定自己单干，以便最好地满足自己的需求。六年后，亚马逊建成自己配送货物的基础设施即亚马逊运输服务公司：3 万多台半挂式卡车，100 余架货运飞机，70 余个分拣中心。如今，亚马逊在美国运送的包裹比联邦快递公司多：亚马逊运输服务承运自己公司三分之二的货运量，并开始在东海岸的货运机上为竞争对手提供载运容量。许多分析师预计，亚马逊将冲击包裹市场。

在内容方面，我们见证了价值链上的攀升和集成，奈飞公司开辟了这样的道路，苹果紧紧跟上，亚马逊则于 2021 年 5 月 26 日宣称，它有意兼并米高梅电影公司的制片厂和目录，出价 84 亿 4 500万美元。地图服务也是如此：谷歌地图长期称霸，如今它不得不与苹果竞争。自 2012 年 9 月起，苹果耐心地开发自己的地图和定位软件。华为自 2020 年起接踵而至，开发了自己的花瓣地图（Petal Maps）。计算自己在地球上的位置很重要，不能让 GPS 独占；同理，在智能手机产业里，自己的路径选择足以吊人胃口，点燃主要玩家纵向集成的星星之火。从觅路到研究只有一步之遥，苹果开发自己的搜索引擎走完这一步，即使那意味着它放弃了谷歌每年付给它的8 亿到 12 亿美元的意外之财，因为美国反垄断局对那样的收入越来越感兴趣。

在价值链的下游，硬件生产厂家集成了自己的分销和直销，部署了自己的商店，这些商店正在成为顾客体验和服务的地点；有时，厂家还在这里推销自己的保险服务，这样的保险是直接用客户的使用数据喂养的。

有些技术巨头还对网络日益加重的控制感兴趣，它们的服务要在这些网络传输，所以它们投资海底电缆。截至 2018 年，谷歌在 13 条跨洋电缆上和 13 个点上有业务。在没有地面基础设施的情况下运营自己的网络是一种诱惑，因此谷歌测试自己的平流层气球，脸书开发自己的无人机，这些无人机翼展宽大，配吹风机式发动机。谷歌这些项目没有进行到底，有些半途而废，但太空探索技术公司 SpaceX 瞄准更高、更远、更难的目标，不断部署其庞大的星链星座，约 2 000 个单位（宣告的总数是 4 200 个单位）已经入轨，其提供的服务已在 20 多个国家进行，订户约有 10 万家。该公司掌握了整条价值链，从发动机到服务，包括发射和设计、发射器生产、运输设备和人员的胶囊、卫星互联网访问服务，当然还包括法国航天员托马斯·佩奎特穿的那种太空服。

这一切模式起始于软件的大规模控制，闯入硬件舞台，几年之内就把根基深厚的工业老品牌打得落花流水，甚至在人人都认为不合法的领域重建了它们的价值链，它们"实干"，在遵守标准的同时尽可能规避监管。至于标准，它们创造并提出自己的标准，进而改进已有标准。讽刺的是，迫使旧玩家为最可怕的竞争对手融资的有时竟然就是那些监管条例。这正是菲亚特·克莱斯勒（Fiat Chrysler）的情况，它与标致合并组建斯泰兰蒂斯（Stellantis）集团。此前，菲亚特·克莱斯勒已于 2019 年和特斯拉签署了汇集温室气体排放的多年期协议。这一操作经欧盟授权，意在允许斯泰兰蒂斯这个合并的实体留在欧盟监管设定的上限之下：特斯拉出售碳排放获利 20 亿美元，有人说这相当于它在柏林建大型电池厂的成本，就在法国人的眼皮底下达成了这样的交易。

也许非法性正是这些冒险家的共同特征之一，他们要闯进既有的工业领域，既不恳求又不指望一开始就得到许可。他们用自己独特的方式表达对控制及相关保密的痴迷，原因就在这里吧？

但这一特质似乎并没有在硅谷标志性天才人物的身上保留下来，孙正义[1] 就可以为证。泽维尔·尼尔[2] 也走电信先驱 Unix 操作系统文化的路子，自己动手设计免费的终端，而不是委托他人设计。他的天才理念是率先完成其远程控制操作和更新，自己发布产品，确保其分销。当他决定将进入手机市场时，这样的做法肯定和监管冲突；他首先搅动关税规则，利用他人的网络，然后才部署自己的基础设施。然而，他部署了自己规模的"愚人的垂直线"（Fool's vertical），是这方面唯一成功的法国工业领袖。

数字历险引领数字公司立志高、看得远、执行快。与此同时，这些公司又耐心谋划，用日益增长的丰富数据部署软件，用连续迭代来优化软件；平台的中心地位确立以后，它们才去巩固自己在价值链上下游的地位。其余的事情就留给指数级增长了。美国监管部门选择一个门类或其中玩家成功以后才去监管，而不是在此前就进

---

1. 孙正义（Masayoshi Son），韩裔日本人、软银集团总裁、投资专家、世界级富豪，先祖是福建莆田人，自称孙子后裔。——译者注
2. 泽维尔·尼尔（Xavier Niel），法国电信大亨、投资专家、世界级富豪，首先提供免费互联网服务，2024 年 9 月 1 日进入字节跳动董事会。——译者注

行监管，这就是美国和欧洲企业命运的差异。中国人以关注的目光看待欧美模式的差异，他们接受两种模式的精华（一个是西方模式，另一个是自身模式），不放松对自身的管理，同时尊重西方人坚守自己的价值。欧洲《通用数据保护条例》（GDPR）或健康数据托管（HDS）已在推广执行，特别要求大技术公司执行，这样的数据条例和托管可能会成为国际标准，介于中国的管控方式和美国加利福尼亚州自由放任的标准之间，但这些国家的标准体现了我们欧洲大陆的失败。2019 年 3 月的世界 50 强技术公司是美国公司和亚洲公司，它们界定了 21 世纪的标准。欧洲的价值仅占 3%！欧盟在全球竞争里缺席，沦为一个市场，其权力仅限于为其殖民化制定规则。

我们的真实情况怎么样？我们在这场冒险中扮演什么角色：如果说我们的印象是，我们被压倒了（我们法国人喜欢说"落后"），在个人尺度上是这样，在集体尺度和政治尺度上更是这样——我们在所有尺度上都很被动吗？无疑，我们既没有能力也没有意愿去理解客观复杂的现实。但我们对它们的考问是否足够呢？或许我们宁愿回避这个问题，因为这个问题在二十年前似乎并不严重。有人会责备二十世纪的私人领袖和公共领袖，说他们无知。另有人会讥笑他们后继者的传播效果，但我们更乐意嘲笑自己，我们并不总是理解得很好，一个妙语胜过任何费力的解释。简单化的诱惑压倒反思和解释，我们不敢提问时尤其爱搞简单化。于是，纷繁评论的独裁之势尘埃落定，得到社交网络的支持，被放大几十倍，被极端化，真有一丝讽刺意味；我们忙不迭地谴责社交网络的恶行，仿佛我们正在受难。我们真是被动的吗？我们个人不是曾经接受过我们不理解的现实吗？我们仿佛曾经用自己舒适的无知换取快乐简单的承诺——体现在完美设计、服务和产品里的承诺——难道不是吗？这些承诺的复杂性完全被隐藏起来，我们看不见，有时甚至不让我们进入。有时我们不知不觉地同意用个人隐私去换取舒适和娱乐的一杯鸡尾酒。即使在使用说明消失以后，使用的一般条件还在那里，人们常接受却不注意小字号条文，即使里面包含所谓的"希罗迪安条款"（Herodian clause）：客户同意把自己的第一个孩子捐献给供应商。每一件物品、每一项服务、每一种药物的单位价值都看不见了——不付钱时你就不知道。在魔幻词"无限"（unlimited）包含的承诺中，那个隐形的捆绑条款抹平、擦除和涂掉了价格、期限和数量。

我们仅仅是被动而已吗？新千年 Web 2.0 的到来始于博客，博客让初露头角的作者和读者直接相连，由此生成了自由访问并自我调节的人类知识基地——那令人生畏的维基百科。这一前所未有的实验生成了普世的善举，名副其实的"无价之宝"：你们中间有谁向维基百科基金捐款吗？这个基金管理这个普世善举的基础设施。Web 2.0 的到来揭示了人们对个人媒介化的渴望，勒内·基拉尔[1]深化了对这一模仿驱动力的描绘。可利用的能力指数级进步，价格却不断下降，巨大的共鸣箱随之产生，每个人都能在这里发声。一个

---

1. 勒内·基拉尔（René Girard，1923—2015），法兰西学院院士、思想家、斯坦福大学教授，著有《祭牲与成神》《浪漫的谎言与小说的真实》《欲望几何学》等。——译者注

寓言因此而实现，不过那可能是把发布寓言的人搞错了，有人误以为安迪·沃霍尔[1]1968年曾经预言说："总有一天，每个人都会有一个十五分钟的世界驰名的时光。"一代名人似乎确认了这条原理，并没有计量其时长。在个人和普世社会景观到来之际，居伊·德博尔[2]可能会在他的坟墓里翻身吧。我们在说什么？我们说的是我们自己。我们常常想成为自己舞台上的演员，当自己的导演。"庆幸自己"是获得幸福的唯一途径吗？库尔特·哥德尔[3]在1931年提出的不完全公理（incompleteness theorems）涉及自我参照原理（self-referentiality），道格拉斯·霍夫斯塔德（Douglas Hofstader）的《哥德尔、埃舍尔和巴赫》（*Gödel, Escher, and Bach*）一书普及了自我参照原理，获得1980年普利策奖。我们记忆犹新，这条原理崛起在媒体里的表现发生在颁发普利策奖的前一天，司法听证会成了广播上的热门话题。在"一般公众"类型中，法国国家视听学院（the Institut National de l'Audiovisuel/INA）非常完整的档案是电视节目灵感的源头，激发了《电视之子》（*Les enfants de la télé*）等大众节目。如果参看近年为设计而开发的人工智能算法，以及用于人工智能的处理器优化，我们就可以看到自我参照（Self-reference）原理仍然存在。自拍是这条原理的个人延伸：与其说它是在显示景物，不如说它是

1. 安迪·沃霍尔（Andy Warhol，1928—1987），美国前卫艺术家，涉足众多不同的艺术领域且成就卓越。——译者注
2. 居伊·德博尔（Guy Debord，1931—1994），法国思想家、导演，著有《景观社会》，国际情境主义代表人物。——译者注
3. 库尔特·哥德尔（Kurt Gödel，1906—1978），美籍奥地利数学家、逻辑学家和哲学家，著有《论〈数学原理〉及有关系统中的形式不可判定命题》。——译者注

在显示自己；与其说它是要分享情景，不如说它是在显示情景。专业水平的自拍侵入了职场社交平台领英（LinkedIn）等社交网络。分享自己在媒体上露面的照片，接受全法第一新闻台（BFMTV）采访的视频，这样的视频常常突显采访对象的形象而不是其言辞。我们是否成了黑暗中的自闭症扩音器呢？

过往的情况就说这么多吧。

未来接着来了，每当新年之初，预言总是杂然纷呈。因其深思熟虑的内容，这些预言比其背后的预言人更有用。但在不断变化的世界和指数定律管束的数字经济中，预言的可靠性水平始终是不确定的：错误边际遵循着相同的规律，几年后就和隐藏在下面的错误一样大了。

现在的情况怎么样呢？

因为我们对明天很着迷，我们的希望、承诺、欲望、关系和沮丧都在明天累积、浓缩和集中，我们有时就转身离开现在。因为未来难以把握，令人入迷，我们把未来委派给下一代，并非没有忧虑。因为现实抗拒我们、并不完美，我们有时就离开现实。早慧的儿童令人入迷，他们从小就与机器交互，所以我们把他们送上舞台。有时我们不陪伴他们，为了不让他们觉得无聊，我们就给他们一部智能手机，把儿童教育托付给手机了。这是对教育体制越来越不信任的结果呢，抑或是通过技术救赎的信仰呢？我不知道。有传言说，硅谷的行政主管正在把自己的孩子转到没有互联网或电子小玩意的学校……

我们曾经被囿于单一的世界，但我们惊奇地发现，逃入另一个世界竟然是那么容易。有些技术大玩家的技术和非凡的敏捷性使之可能在几个星期内让富裕国家转向远程通信。这一令人钦佩的壮举掩盖了另一个现实：其实我们早就为另一个世界准备好了。电子屏幕既是世界的镜像，也是我们自己的镜像，电子屏幕抹平和减轻了我们对世界的忧虑，我们转向屏幕，被光线笼罩。毫无疑问，有人开始摒弃"屏幕"，他们没有意识到屏幕一词指的是一个表面：跨越那个表面仍然有诱惑力，摒弃"屏幕"也许就是不再直面看世界吗？

我们已经身处元宇宙的边缘。一家公司一个简单的更名足以唤起希望、期待和想象，因为它影响着将近 30 亿人。元宇宙是尼尔·斯蒂芬森（Neil Stephenson）在小说《雪崩》(*Snow Crash*) 里自创的一个新词。不久前的反乌托邦电影《互联网革命》(*Internet Revolution*) 也说明这个道理。如今，元宇宙已成为我们预测和恐惧的容器，尤其是装载我们一切不理解现象的容器。我们尚不能确定，脸书的更名是否足以让它偏离交叉火力的聚光灯，它是否能避开美国监管机构姗姗来迟的惊醒。不过元宇宙这个词已经唤起了几位先驱和投资人的希望和抱负，使希望和抱负明确了。谁还记得 1997 年率先登场的《第二世界》(*Le Deuxième monde*) 呢？谁还记得 2003 年林登实验室的《第二人生》(*Second Life by Linden Labs*) 呢？它们肯定都出现得太早了，因为彼时的机器力量不足，逼真的虚拟界面也缺失，那时的技术还不能提供使人沉浸其中的虚拟现实头盔；后来的虚拟现实头盔才能仔细观察佩戴者的瞳孔运动和注意对象。

这个冒险故事把我们带到了当下的边缘，我们的历史和希望在这里碰撞，要干大事的人们在这里聚集。"现在"是个人优先和独特在场的地方，也是他人在场的地方："存在"不是"可伸缩的"。我们只能一次安慰一个人，护理员知道这个道理。在大流行病期间，他们全身心投入，锅碗瓢盆的晚间奏鸣曲就是公众对他们奉献精神的礼赞。他们继续工作，不计代价。

在巴黎政治大学的一次研讨会后，一个学生问我："人工智能将在一切领域取代人吗？如果不能在一切领域取代人，例外的领域是什么？"我猛吃一惊，只听自己答道："我是这样看的，大概在两种情况下，人工智能是不能取代人的。这两种情况不是效率谱的两个极端。20世纪留下了新鲜的、有时血腥的痕迹。一方面，唯有人过去能且将来大概也能激励亿万人，无论在精神上、审美上或政治上，无论好坏。另一方面，在效率谱的另一端，没有任何东西是可以伸缩的，一个人只能治愈、安慰和陪伴一个邻居。治疗师只能一次倾听一位病人。我们只能一次握住一个临终者的手。"

最后我们要说，"当下"正是我们叩问为什么的时刻。如果我们在第一个世界里并不总是觉得舒服，以至于想要进入第二个世界，那是因为我们并不总是懂得它，而且是因为我们有时放弃叩问"为什么？"我们不仅有权利，而且有义务去问为什么。我们必须要问为什么，就像我们不得不回答"我不知道"一样。老老实实回答"我不知道"以后，我们才能重新开始学习，才能开始传递信息。没有给予他人的东西自然就失去了。

2021 年 10 月 1 日，我重返学校 [1]，就是这个道理。

"三学科"是一切教育的基础。任何改革计划都不应消除、减少"三学科"的教育，更不能使之分离。"三学科"就是数学、哲学和历史。

---

1. 作者转入法国高等信息工程师学院（EPITA），肩负三重重任：教学、行政、企业主管。——译者注

谢　辞

感谢萨德克·贝鲁西夫（Sadek Beloucif）。我出席伯纳丁论坛（Forum des Bernardins）时他对我说："你应该写一本书。"感谢弗吉尼亚·德兰德（Virginie Delalande），她在 2020 年 2 月 3 日的数字峰会首次会议期间说服我，使我跨越了意图和行动之间的那道 10% 门槛，投入写作。

感谢为本书赐序的赛德里克·维拉尼（Cédric Villani），他以朴实无华的手笔接受这本书。

感谢支持我的妻子 Anne-Violaine 和孩子 Paul, Éloi, Louise and Clarisse，当然忘不了 Koba。

感谢本书的所有评审人 Nicolas Fodor, Frédéric Guichard, Jean-Paul Maury, Pierre Haren, Jean-Paul Smets, Pierre Hervé。

感谢杰拉尔丁·阿雷斯蒂亚努（Géraldine Aresteanu）授权我使用她的作品，我仰慕这些作品（https://geraldinearesteanu.com）。

感谢德里克·德克霍夫（Derrick de Kerckhove），他相信这本书能翻译成英文，而且把这一可能性变成了现实。

译后记

　　《随机存取存储器：数字技术革命的故事》是"媒介环境学译丛"的收官之作，有必要多说几句话。

　　本译丛延聘了三位顾问：德里克·德克霍夫、罗伯特·洛根和林文刚。德克霍夫是多伦多大学麦克卢汉研究所第二任所长，活跃在世界各地，为本译丛贡献了《文化的肌肤》和《个人数字孪生体》，推荐了5本书，为6本书作序。洛根是媒介环境学派第一代代表人物，为本译丛贡献了《什么是信息》和《心灵的延伸》。林文刚是媒介环境学派第三代的代表人物，为本译丛贡献了《媒介环境学》，他画了一个圈，完成了学派的规制。德克霍夫画了一个更大的圈，义无反顾地走上了文理融合的坦途。

　　像他推荐的每一本书一样，德克霍夫欣然为本书作序，以为导读，为其添彩。

　　本译丛得到传播学院三任院长吴予敏、王晓华和巢乃鹏的全力支持和坚强领导，感谢。

本译丛受惠于中国大百科全书出版社社科学术分社两任社长郭银星和曾辉的专家精神，多谢。

译者本人得到深圳大学外语学院和文化产业研究院领导的呵护关怀，甚谢。

作者中文版序的更新又添新意，非常新潮，我建议读者先读这部分内容，由此学习他的敬业精神，借以管窥创新技术和人工智能的未来发展。

何道宽

于深圳大学文化产业研究院

深圳大学传媒与文化发展研究中心

2024 年 12 月 30 日

译者介绍

何道宽，深圳大学英语及传播学教授，荣获翻译文化终身成就奖（2023），深圳市政府津贴专家（2000）、资深翻译家（2010）、《中国传播学30年》（2010）学术人物、《中国新闻传播学年鉴》（2017）学术人物、《中国新闻传播教育年鉴》（2021）"名家风采"人物。曾任中国跨文化交际学会副会长（1995—2007）、广东省外国语学会副会长（1997—2002）、中国传播学会副理事长（2007—2015），现任中国传播学会终身荣誉理事、深圳翻译协会高级顾问，从事英语教学、跨文化翻译和跨学科研究60余年，率先引进跨文化传播（交际）学、麦克卢汉媒介理论和媒介环境学。著作和译作逾一百种，著译论文字逾2000万。

著作7种，要者为《中华文明撷要》（汉英双语版）、《夙兴集：闻道·播火·摆渡》、《焚膏集：理解文化与传播》、《问麦集：理解麦克卢汉》、《融媒集：理解媒介环境学》、《创意导游》、《实用英语语音》。

论文 50 余篇，要者有《介绍一门新兴学科——跨文化的交际》《比较文化我见》《中国文化深层结构中的崇"二"心理定势》《论美国文化的显著特征》《和而不同息纷争》《麦克卢汉：媒介理论的播种者和解放者》《莱文森：数字时代的麦克卢汉，立体型的多面手》《媒介环境学：从边缘到庙堂》《泣血的历史：19 世纪美国排华的真相》《尼尔·波兹曼：媒介环境学派的一代宗师和精神领袖》等。

译作涵盖了绝大多数人文社科领域，共 110 余种（含再版），要者有《理解媒介》《媒介环境学》《理解媒介预言家：麦克卢汉评传》《麦克卢汉精粹》《弗洛伊德机器人：数字时代的哲学批判》《个人数字孪生体》《数据时代》《心灵的延伸：语言、心灵和文化的滥觞》《文化树：世界文化简史》《超越文化》《无声的语言》《数字麦克卢汉》《交流的无奈：传播思想史》《传播的偏向》《帝国与传播》《模仿律》《技术垄断》《与社会学同游》《游戏的人》《中世纪的秋天》《口语文化与书面文化》《传播学批判研究：美国的传播、历史和理论》《裸猿》《作为变革动因的印刷机》《传播学概论》等。

"媒介环境学译丛" 书目

1.《媒介环境学：思想沿革与多维视野》(第二版)，[美国] 林文刚 编 / 何道宽 译，118.00 元

2.《什么是信息：生物域、符号域、技术域和经济域里的组织繁衍》，[加拿大] 罗伯特·K. 洛根 著 / 何道宽 译，59.00 元

3.《心灵的延伸：语言、心灵和文化的滥觞》，[加拿大] 罗伯特·K. 洛根 著 / 何道宽 译，79.00 元

4.《震惊至死：重温尼尔·波斯曼笔下的美丽新世界》，[美国] 兰斯·斯特拉特 著 / 何道宽 译，55.00 元

5.《文化的肌肤：半个世纪的技术变革和文化变迁》(第二版)，[加拿大] 德里克·德克霍夫 著 / 何道宽 译，98.00 元

6.《被数字分裂的自我》，[意大利] 伊沃·夸蒂罗利 著 / 何道宽 译，69.00 元

7.《数据时代》，[意大利] 科西莫·亚卡托 著 / 何道宽 译，55.00 元

8.《帝国与传播》(第三版),［加拿大］哈罗德·伊尼斯 著 / 何道宽 译，59.00 元

9.《传播的偏向》(第三版),［加拿大］哈罗德·伊尼斯 著 / 何道宽 译，59.00 元

10.《麦克卢汉精粹》(第二版),［加拿大］埃里克·麦克卢汉、［加拿大］弗兰克·秦格龙 编 / 何道宽 译，108.00 元

11.《个人数字孪生体：东西方人机融合的社会心理影响》,［意大利］罗伯托·萨拉科、［加拿大］德里克·德克霍夫 著 / 何道宽 译，79.00 元

12.《伟大的发明：从洞穴壁画到人工智能时代的语言演化》,［意大利］保罗·贝南蒂 著 / 何道宽 译，59.00 元

13.《假新闻：活在后真相的世界里》,［意大利］朱塞佩·里瓦 著 / 何道宽 译，59.00 元

14.《麦克卢汉如是说：理解我》(第二版),［加拿大］马歇尔·麦克卢汉 著,［加拿大］斯蒂芬妮·麦克卢汉、［加拿大］戴维·斯坦斯 编 / 何道宽 译，79.00 元

15.《柏拉图导论》,［英］埃里克·哈弗洛克 著 / 何道宽 译，69.00 元

16.《数字公民：智能网络时代的治理重构》,［巴西］马西莫·费利斯 著 / 何道宽 译，59.00 元

17.《变化中的时间观念》(第二版),［加拿大］哈罗德·伊尼斯 著 / 何道宽 译，59.00 元

18.《弗洛伊德机器人：数字时代的哲学批判》,刘禾 著 / 何道宽

译，88.00 元

19.《随机存取存储器：数字技术革命的故事》,［法国］菲利普·德沃斯特 著 / 何道宽 译，69.00 元

20.《理解媒介预言家：麦克卢汉评传》,［加拿大］特伦斯·戈登 著 / 何道宽 译，88.00 元

「媒介环境学译丛」书目